·过鱼设施丛书·

鱼类洄游通道恢复理论与实践

韩德举　龚昱田　侯轶群　陈　锋　等　著

科学出版社

北　京

内 容 简 介

　　鱼类洄游通道恢复工作的开展最早出现在 17 世纪,我国则直到 20 世纪 50 年代才开始相关工作,主要是学习美国、日本、澳大利亚等国先进成熟的经验,并在此基础上模仿修建过鱼设施。随着过鱼设施相关内容被写入《中华人民共和国水法》《中华人民共和国渔业法》《中华人民共和国长江保护法》《中华人民共和国黄河保护法》《中华人民共和国湿地保护法》等法律法规,以及水利、水电行业相关标准的编制和实施,我国在过鱼设施的设计、运行、管理、评估等方面都有了较清晰的思路,摆脱了早期模仿国外的工作方法,取得了一定成绩。本书在系统论述鱼类洄游通道恢复涉及的河流生态学、鱼类行为学、阻隔对鱼类影响和鱼类洄游通道恢复技术的相关理论基础上,回顾了鱼类洄游通道恢复的历史和现状,并对流域鱼类洄游通道恢复、高坝和中低坝鱼类洄游通道恢复的典型案例进行了介绍。

　　本书可供水利、水电工程相关领域的科研院所、高校、设计单位工作人员参考。

图书在版编目(CIP)数据

　　鱼类洄游通道恢复理论与实践 / 韩德举等著. -- 北京:科学出版社,2024.6. -- (过鱼设施丛书). -- ISBN 978-7-03-078843-6

　　Ⅰ. S956.3

　　中国国家版本馆 CIP 数据核字第 20240VH440 号

责任编辑:闫　陶　王　玉/责任校对:高　嵘
责任印制:彭　超/封面设计:无极书装

科学出版社 出版
北京东黄城根北街 16 号
邮政编码:100717
http://www.sciencep.com
武汉市首壹印务有限公司印刷
科学出版社发行　各地新华书店经销
*
开本:787×1092　1/16
2024 年 6 月第 一 版　　印张:9 1/2
2024 年 6 月第一次印刷　　字数:221 000
定价:98.00 元
(如有印装质量问题,我社负责调换)

"过鱼设施丛书"编委会

"过鱼设施丛书" 序

拦河大坝的修建是人类文明高速发展的动力之一。但是，拦河大坝对鱼类等水生生物洄游通道的阻隔，以及由此带来的生物多样性丧失和其他次生水生态问题，又长期困扰着人类社会。300多年前，国际上就将过鱼设施作为减缓拦河大坝阻隔鱼类洄游通道影响的措施之一。经过200多年的实践，到20世纪90年代中期，过鱼效果取得了质的突破，过鱼对象也从主要关注的鲑鳟鱼类，扩大到非鲑鳟鱼类。其后，美国所有河流、欧洲莱茵河和澳大利亚墨累-达令河流域，都从单一工程的过鱼设施建设扩展到全流域水生生物洄游通道恢复计划的制订。其中：美国在构建全美河流鱼类洄游通道恢复决策支持系统的基础上，正在实施国家鱼道项目；莱茵河流域在完成"鲑鱼2000"计划、实现鲑鱼在莱茵河上游原产卵地重现后，正在筹划下一步工作；澳大利亚基于所有鱼类都需要洄游这一理念，实施"土著鱼类战略"，完成对从南冰洋的默里河河口沿干流到上游休姆大坝之间所有拦河坝的过鱼设施有效覆盖。

我国的过鱼设施建设可以追溯到1958年，在富春江七里垄水电站开发规划时首次提及鱼道。1960年在兴凯湖建成我国首座现代意义的过鱼设施——新开流鱼道。至20世纪70年代末，逐步建成了40余座低水头工程过鱼设施，均采用鱼道形式。不过，在1980年建成湘江一级支流洣水的洋塘鱼道后，因为在葛洲坝水利枢纽是否要为中华鲟等修建鱼道的问题上，最终因技术有效性不能确认而放弃，我国相关研究进入长达20多年的静默期。进入21世纪，我国的过鱼设施建设重新启动并快速发展，不仅目前已建和在建的过鱼设施超过200座，产生了许多国际"第一"，如雅鲁藏布江中游的藏木鱼道就拥有海拔最高和水头差最大的双"第一"。与此同时，鱼类游泳能力及生态水力学、鱼道内水流构建、高坝集诱鱼系统与辅助鱼类过坝技术、不同类型过鱼设施的过鱼效果监测技术等相关研究均受到研究人员的广泛关注，取得丰富的成果。

2021年10月，中国大坝工程学会过鱼设施专业委员会正式成立，标志我国在拦河工程的过鱼设施的研究和建设进入了一个新纪元。本人有幸被推选为专委会的首任主任委员。在科学出版社的支持下，本丛书应运而生，并得到了钮新强院士为首的各位专家的积极响应。"过鱼设施丛书"内容全面涵盖"过鱼设施的发展与作用"、"鱼类游泳能力与相关水力学实验"、"鱼类生态习性与过鱼设施内流场营造"、"过鱼设施设计优化与建设"、"过鱼设施选型与过鱼效果评估"和"过鱼设施运行与维护"六大板块，各分册均由我国活跃在过鱼设施研究和建设领域第一线的专家们撰写。在此，请允许本人对各位专家的辛勤劳动和无私奉献表示最诚挚的谢意。

　　本丛书全面涵盖与过鱼设施相关的基础理论、目标对象、工程设计、监测评估和运行管理等方面内容，是国内外有关过鱼设施研究和建设等方面进展的系统展示。可以预见，其出版将对进一步促进我国过鱼设施的研究和建设，发挥其在水生生物多样性保护、河流生态可持续性维持等方面的作用，具有重要意义！

常剑波

2023 年 6 月于珞珈山

前　言

大坝修建在带来防洪、供水、发电等社会、经济效益的同时，对生态环境也产生了影响。能否全面认清不利影响，采取合适措施减少不利影响不仅是科学家关注的焦点，也是公众关注的焦点。鱼类处在河流生态系统食物链的上层，研究它们对不利影响的响应并帮助它们应对不利影响是从生物角度解决这道难题的一条重要思路。

本书从河流连续性理论和鱼类洄游机理出发讲述大坝建设对鱼类的阻隔影响，对各类型的鱼类洄游通道恢复措施进行介绍，通过案例分析国内外鱼类洄游通道恢复的实践情况。本书以湘江流域为例，分析梯级开发背景下鱼类洄游通道恢复的需求和工作思路，并以长沙综合枢纽过鱼设施设计为例详细介绍鱼类洄游通道恢复措施的设计过程和重点考虑因素，以湘江流域鱼类洄游通道恢复决策支持系统的建设为例介绍从流域角度鱼类洄游通道恢复的数据基础和决策重点。

本书第1章由韩德举、朱迪、陈锋撰写，第2章由侯轶群、王翔、陶江平、蔡露撰写，第3章由胡望斌、龚昱田、王翔撰写，第4章由韩德举、陈锋、龚昱田撰写，第5章由王翔、陶江平、金瑶撰写，第6章由龚昱田、金瑶撰写，全书由龚昱田统稿。

本书在写作过程中得到了"湘江流域鱼类洄游通道恢复需求与对策研究"和"过鱼设施效果智慧化监测关键技术研发与示范"项目组的大力支持，感谢"国家重点研发计划"（2022YFE0117400）的资助。由于作者水平有限，书中不妥之处，敬请广大读者批评指正。

作　者

2023 年 3 月

目　录

第1章 河流连续性与鱼类洄游

1.1 引　言

河流的物理结构、能量结构和空间结构从源头到河口显示出一定的连续性。河流的连续性对鱼类洄游非常重要，鱼类洄游既可能受到历史因素（感官经验的积累）的作用，也可能受到环境因素的影响，还可能与鱼体本身的遗传、生理变化、能量学等因素密切相关。如果河流上的大坝阻碍了鱼类洄游，就会导致鱼类无法完成生活史，产生一系列连锁反应，影响生态系统的稳定。大坝阻碍了河流非生物环境的连续性，导致自然水文情势等发生改变，使得生境变得破碎化。洄游鱼类因为大坝的直接阻隔而无法完成上溯和下行等洄游行为，同时还需面对非生物环境连续性中断导致的适宜生境和饵料生物减少的困境。

1.2 河流连续性理论与基础

1.2.1 河流连续性理论

河流的形成是一个复杂而漫长的过程。它始于降雨或融雪，形成小溪和溪流，而后这些小溪和溪流汇聚成更大的河流。随着水流的流动，河流以下切侵蚀的方式削弱着地表的岩石和土壤，形成河床的形态。同时，河流还通过侧向侵蚀不断扩大河道的宽度，逐渐改变着周围地区的地貌。河流也承载着大量的泥沙、砾石和岩石碎块等悬移质，随着水流的冲刷和拖曳，它们被携带到远处。这些悬移质具有剥蚀和切割的能力，不断改变着河床的形态。当水流速度减缓时，悬移质逐渐沉降到河床上，尤其是在河流弯曲的地方，水流速度较慢，悬移质更容易沉积，逐渐形成河滩和洲地。这个过程不断重复循环，河流会随着时间推移而改变其形态和路径。地质、气候、土壤和地形等诸多因素都会影响河流的形成和演变过程，使每条河流都有其独有的特征和地貌。

Vannote 等（1980）提出了"河流连续体概念"（river continuum concept，RCC），认为河流系统是一个连续的、流动的、完整的系统，从源头集水区的第一级河流起始，经过各级河流流域，最终到达河口。从河流源头到河口，地貌特征、地质、水文变化、水质和水温等呈明显的带状分布特征。河流的物理结构、能量结构和空间结构的异质性显著，从而形成了河流上游、中游和下游生境的异质性和连续性（图 1.1）。

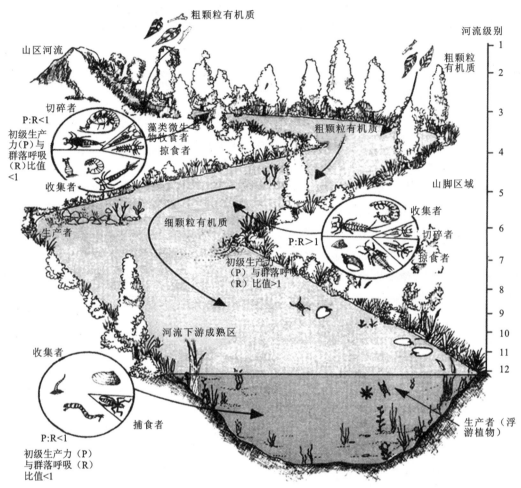

图 1.1　河流连续体（Vannote et al.，1980）

RCC 应用了生态系统的观点和原理，将连接低级到高级的河流网络视为一个连续的整体系统。河流连续性强调了生态系统的群落结构和一系列功能与流域的统一性，特别注重河流纵向的连续性。这一理论极大丰富了河流生态系统的研究领域，加深了研究人员对河流本身物理结构、水文变化与生态系统之间关系的认识。

与 RCC 相对应的是 Ward 和 Stanford（1995）提出的"序列不连续体概念"（serial discontinuity concept，SDC），它强调大坝干扰对河流生态系统的影响。SDC 包括几个前提：①河流连续性和营养物螺旋式假设概念是可靠的；②除了水库蓄水以外，水体污染和其他干扰是不受控制的；③急流河段在水库建设期间没有受到干扰；④假设蓄水的水库是底孔泄流水库。在 SDC 中，定义了不连续距离，即河流管理中给定参数在纵向上的改变，这种影响可能是正面的（下游），也可能是负面的（上游），也可能没有变化。SDC 补充和完善了 RCC，在理论上拓宽了河流系统，尤其是建坝河流的水生态系统。

随着对河流管理的加强，人们为了控制洪水修建大量的防洪堤，阻隔了河流主河道与洪泛平原的相互联系，破坏了河流横向的连续性。在此背景下，Junk（1989）提出了"洪水脉冲概念"（flood pulse concept，FPC），FPC 强调了洪水对河道和洪泛平原生态系统的影响，突出了河流横向连续性的重要性。

在此基础上，Bergey 和 Ward（1989）将河流生态系统描述成四维系统，包括纵向（上游—下游）、横向（洪泛区—高地）、垂向（河道—基底）和时间（每个方向随时间的变化）分量，并强调了河流生态系统的连续性和完整性，更加注重流域与河流生态系统之间的相互关系。生态系统是一个整体，各个生境要素不能独立存在。生境要素的作用不是孤立的，是与各种生物因子形成耦合关系，产生多种综合效应。前文所述这些概念中生境因子主要涉及水文学和水力学因素，较少涉及地貌学因素，并且较少考虑人类活动对生态系统的影响，因此董哲仁等（2010）提出了河流生态系统结构功能整体性概念模型，将水文情势、水力条件及地貌格局作为河流生态系统结构和功能的关键影响要素，并考虑了由人类活动引起的生境要素变化对河流生态系统的影响。该模型由 4 个子模型构成：河流四维连续体模型、水文情势-河流生态过程耦合模型、水力条件-生物生活史特征适宜模型和地貌景观空间异质性-生物群落多样性关联模型。该模型将河流的连续性由有机物输移性扩展为物质流、能量流、物种流和信息流的四维连续性。

1.2.2　河流的物理结构

河流物理结构在上、中下游具有不同的特点。在上游区，河流形态特点是落差大，河谷狭窄，河流比降大，横断面小，水流侵蚀力强。河床由各种大小岩石块、砾石和卵石组成，颗粒直径较大。水流速度快，水流挟沙能力强。河流中泥沙随水流运动被带入下游，水体清澈，溶解氧含量高。上游区径流特点是流量和流速变化大，洪水过程短暂而急剧。中下游区河流的比降减小，河道横断面变宽，河流的深度和宽度加大，虽然流量增大，但是变化幅度变小，水流趋于平稳，水流挟沙能力变小，水体透明度降低，水中悬浮沉积物的负荷增大，溶解氧含量相对减少。河口区与中上游区具有很大的区别，河口区河流比降更为平缓，江海之间交换频繁，受海洋潮流影响，水体含盐量较高。河流物理结构的复杂性形成了多样化的生物栖息地类型。河流的物理结构包括河流形态、横向断面结构及垂向结构。

1. 河流形态

关于河流形态的分类方法不同学者给出了不同的观点，由于河流形态具有地理空间属性，因此在进行河流形态分类时，空间尺度对分类结果有直接影响。

从大尺度上看，河流大致可分为三类：山区河流、山前河流和平原河流。山区河流包括峡谷河段和开阔河段：峡谷河段的河床形态不规则，河床由卵石、块石和岩基组成，河床变形缓慢，比降大，流速大；开阔河段的河身多呈微弯状，横断面呈复式断面，河床的滩槽分明，具有年周期性的冲淤变化特征。山前河流是从山区谷口流入平原、沼泽、湖泊、戈壁前的河段，该河段流速逐渐减小，泥沙淤积较多，河床较为平浅。平原河流则是指流经平原地区的河流，河道比降小，比降沿程分布比较均匀，平均流速较小，河床的冲淤变化速度比较快，幅度也较大。

从小尺度上看，河段形态大致可分为六种类型，包括顺直型、弯曲型、分汊型、矶头型、交织型和河口型。江湖连通型河段由于地理位置特殊，其形态与干流河段相似。

顺直型河段河流顺直或略微弯曲，河道弯曲系数一般小于1.2，两岸边滩交错，横断面上边滩与深槽并列，上下边滩之间常有浅滩相连，边滩分布呈犬牙交错状，纵剖面上深槽与浅滩相间。顺直型河段多分布在较狭窄的河谷中，或河谷两岸抵抗冲刷能力较强的区域，在河流的中下游也有分布。此类河段的河槽顺直，水流流速较快，具有较好的连续性。河道的横向断面形状一般为"V"字形或"U"字形，从上游到下游，断面逐渐从"V"字形转变为"U"字形。

弯曲型河段的河道弯曲系数一般大于1.3，河槽蜿蜒曲折，河漫滩较宽广，凹岸受到冲刷，凸岸则发生淤积，深槽紧靠凹岸，河道的最深点位于凹岸顶点偏下游处，河弯的曲率半径越小，水深越大。河床横断面一般呈不对称的"V"字形，在弯道处多呈复式断面，而纵剖面则显示出阶梯状的坡度变化。当弯曲河段进一步发展时，可能形成曲流河床，最终发生自然的裁弯取直，而老的河段则被称为牛轭湖。

分汊型河段的横断面一般呈"V"字形，而在分汊处呈"W"字形。河面较宽广，河岸易展宽，边滩易扩大并可冲切成江心洲。各支汊道本身保持一般的单一河床的特征，在弯曲的汊道上，主槽明显偏于一边。分汊型河段的横剖面形状随着分汊数的增加更加复杂，但在一定时间范围内，横剖面形状的变化相对稳定。

矶头型河段河宽在短距离内发生急剧变化，水流速度也发生剧烈变化，属于特殊的顺直型河段。

交织型河段的横断面通常为复合式，河槽宽浅，多江心洲，水流分散，无稳定深槽，主槽摆动不稳定，沙滩冲淤多变。河岸及河床抗冲性小，纵比降较大，为严重淤积型河段。

河口型河段位于河流的下游，受河流与潮流共同作用，河口段水流双向流动，河床不稳定，沉积速率快。当河段下游年输沙量与年径流量之比大于0.24时，就可能形成沉积三角洲。

2. 横向断面结构

河流上、中、下游横向断面具有不同的结构，一般来说横向断面由河床、河漫滩、阶地组成（见图1.2）。

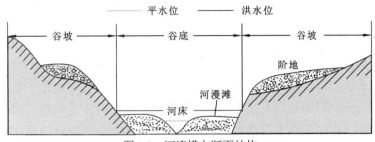

图 1.2　河流横向断面结构

河流平水期所占的河谷部分称为河床。河床地形的发育过程基本取决于流水及其所挟带的泥沙和组成河床的物质的相互作用。河床地形的形成与演变是一种复杂的过程，具有以下规律：①水流与河床互相制约。水流塑造河床，河床约束水流，二者互相制约，互为因果。当河床湿周上每一点所受切应力与该点处河床物质的临界抗剪力相等时，水流与河床之间便会出现某种相对的平衡状态。②河床变形的滞后现象。河床形态的改变往往落后于水流条件的改变，二者之间有一个时差，其大小主要取决于河床组成物质的抗冲性。粗沙河床的变形速度较慢，时差较大。而高含沙量的细沙河流的河床可动性大，变形速度快，河床变形与水流变化间的时差较小。③水流与河床之间相互作用的纽带——泥沙运动。水流作用力大于河床物质的抗冲力时，河床物质便会由静止变为运动，因而转化为河流泥沙的一部分；水流条件改变而发生淤积时，一部分运动泥沙又会静止下来，转化为河床组成物质的一部分。④水流与河床相互作用过程中的自动调节作用。河流的自动调节作用（见图 1.3），不断塑造着河流的地貌。冲刷使河床降低，扩大过水断面；淤积引起河床抬升，缩小过水断面。过水断面的扩大或缩小，又将改变水力条件。断面扩大，流速减小，输沙力减弱，冲刷逐渐停止；断面缩小，流速增大，输沙力增强，堆积现象消失。

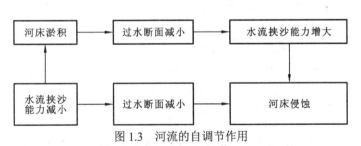

图 1.3　河流的自调节作用

河床地形不断变化的主要原因有两个。第一，由于水流中扩散系统的形成，水流不断破坏自身所造成的地形。第二，径流的季节性变化和年际变化会引起水流本身的一些特征变化。此外，冰、风、植物、地壳运动和人类活动的作用都对河床地形的变化产生很大的影响。总体来说，天然河床通常不平整，河底流速的脉动使得河床泥沙被扰动，从而变得凹凸不平，近底水流与不平的河床相互作用形成沙波。沙波波形不对称，迎水坡缓而长，背水坡陡而短，迎水坡冲刷，背水坡堆积，沙波缓慢下移。在狭长河床上，沙波呈平行状排列；宽浅河床上呈现鱼鳞状排列的沙波。当流量或坡度进一步增大时可形成沙垄，规模随河流大小而异。冲积河流的河床上，分布着各种形态泥沙堆积体，高程在平水位以下者为浅滩，浅滩之间水深较大的河槽部分为深槽。浅滩河床形态有：边滩、心滩、沙埂。

当河流洪水泛滥时，除河床以外，谷地部分也被淹没，被淹的部分就是河漫滩。河漫滩大多具有二元沉积结构，表层为细粒的黏土和粉砂，其下是粗粒的河床沉积物。河漫滩上层的细粒沉积物是洪水泛滥时悬移质沉积形成的，多为粉砂淤泥。随着与河床距离的增加，沉积物有逐渐变细和变薄的趋势。由于地壳上升、气候变化或者基准面的变化，河流下切，原来的河漫滩高出一般洪水期水面，呈阶梯状分布于河谷两侧，称为河流阶地。在河漫滩的近河床地带，由于水深突然变小，阻力变大，流速变小，挟沙能力降低，使泥沙沉积下来，形成贴近河床并与河岸平行的沙堤。由于河床的快速侧向移动，形成了多条大致平行的河岸沙堤，它们组合成扇形，成为迂回扇。弯曲河流发展到一定程度，发生裁弯取直，废弃的河床形成新月形的湖泊，即为牛轭湖。按照河床类型的不同，河漫滩分为河曲型、汊道型和堰堤式三种类型。

3. 垂向结构

河流表层阳光充足，与大气接触面大，水汽交换频繁，曝气作用明显，有利于植物的光合作用，因此河流表层常分布有丰富的浮游植物。河流中层和下层，太阳辐射作用随着水深的加大而逐渐减弱，溶解氧含量降低，浮游生物随着水深的增加而逐渐减少。河流底部对于许多生物来讲，具有提供产卵场所、营养物质等作用。我们可以通过河流的水力学参数和水质参数来了解河流在垂向上的变化情况。

（1）流速垂向变化：河流的流速通常在垂向上会发生变化。在河流表层，由于接触到了大气、风力等外界因素，水的流速相对较快。然而，随着水流向下游流动，由于水深增加和河床摩擦的影响，流速逐渐减小。在河流的较深处，由于摩擦力和水体输运的能量损失，流速变得相对较慢。

（2）水深垂向变化：水深是指从河流水面到河床的垂直距离。河流上游通常位于山区或高地，地形坡度较大，水流湍急，河床较为狭窄，水深相对较浅。随着河流向下游流动，坡度逐渐减小，水流速度放缓，河床变宽，水深逐渐增加。

（3）温度垂向变化：河流中水温的垂向变化通常受到太阳辐射和地下水的影响。在太阳光照的直接作用下，河流表层的水温通常较高。然而，随着深度的增加，由于太阳热量传导较差和地下水的冷却作用，水温逐渐下降。温度垂向变化对生态系统和鱼类栖息地有重要影响。

（4）溶解氧垂向变化：溶解氧是水体中的氧气分子。河流中的溶解氧含量通常会随着水深增加而降低。这是因为在河流表层，水与大气中的氧气接触，氧气溶解量较高。但随着水深增加，氧气供应逐渐减少，深层水体的溶解氧含量降低。溶解氧是衡量水中的生物活动和水环境质量的重要指标。

（5）浊度垂向变化：浊度是指水体中悬浮颗粒物的浓度或颗粒物质的浑浊程度。在河流的垂向结构中，浊度一般在表层较低，至河底逐渐上升。这是由于上层水体的较大流速带走了部分悬浮颗粒物，而较大颗粒物会逐渐沉降至河底，所以深层水体的浊度相对较高。

1.2.3　河流的水文特征

1. 水位

水位是河流中某一标准基面或测站基面上的水面高度，也是流量大小的主要标志。水位变化受到径流补给、流水侵蚀、堆积作用、大坝调节和冰情等多种因素的影响。这些因素具有不同的变化周期，如流水侵蚀作用的变化周期较长，径流补给的变化具有季节性周期，潮汐影响具有日变化周期等。因此，河流的水位情势非常复杂。

水位变化具有重要的实际意义。通过水位观测资料，可以确定洪水波传播速度和河流水量周期性变化的一般特征。通过分析水位过程线，可以研究河流的水源、汛期、河床冲淤情况及湖泊的调节作用。

水位对于河流生态系统也具有重要意义。水位的高低影响着河流的水面面积、水体体积和生物的生存空间，同时也是河流与其他生态系统联系程度的重要指标。在高水位的条件下，河流与湖泊、岸滩、洪泛区的联系更加密切。四大家鱼等洄游鱼类对河水上涨的过程十分敏感，它们一般只有在河水上涨的情况下才会产卵。

2. 流速及流量

流速是指水质点在单位时间内移动的距离。它受水体重力在纵比降方向上的分力、河岸和河底对水流的摩擦力之比的影响。河流中的流速分布是不均匀的，可以利用等流速公式来描述。在河底和河岸附近，流速最小，而从水底向水面和从岸边向主流线方向，流速逐渐增加。绝对最大流速出现在水深的 1/10~3/10 处，而弯曲的河道中，最大流速在接近凹岸处。平均流速与水深的 6/10 位置点的流速相等。

流量是指单位时间内通过某个断面的水量，单位是 m^3/s。通过测量流速和断面的面积，可以计算出流量。流量是河流的重要特征之一，其变化会导致流水蚀积过程和其他水流特征的变化。流量的变化也会引起水位的变化。

流速和流量对生态群落和生态系统有重要影响。流动越剧烈，对河水的搅动越大，沿河流活跃界面上的溶解氧就越充足。剧烈流动的河流（如山区和半山区）还会产生含有大量空气的射流，使得水中富含氧气。这种环境适宜于鲑科、茴鱼科和其他喜欢纯净水体的生物生存。水流的涨水过程对洄游鱼类来说具有重要意义，它们会随着水流的变化而进行相应的生长和繁殖。

3. 含沙量

含沙量是指单位体积水中所含泥沙的质量。河流的径流特征受气候、地貌和地质等因素的影响，从而决定了河流中不同含沙量的时空分布。河流的含沙量在时间上也会发生变化，最大含沙量通常出现在汛期，而最小含沙量则出现在枯水期。不同年份之间的含沙量也存在差异。在洪水过程中，含沙量达到最大值的峰值被称为沙峰，沙峰不一定与洪峰同时出现，通常在首次大洪水中，沙峰会超前于洪峰，而在之后可能会与洪峰同时出现或滞后出现。

含沙量在水深上呈现不同的分布规律，一般来说，在水面上含沙量最小，在河床底部含沙量最大。含沙量在河流的断面上会随着水流情况的不同而有所变化。此外，含沙量还会随着河流流程而发生变化，通常山区河段的含沙量较高，而平原河段的含沙量较低。不同地区的河流也存在着较大的含沙量变化差异。例如，黄河干流的多年平均含沙量大约为 $37\,kg/m^3$，而长江上游的多年平均含沙量约为 $1.7\,kg/m^3$。

4. 河水温度

河水温度是衡量河水热状况的重要指标之一。它是指河水的温度值，通常以℃表示。河水温度受到多种因素的影响，包括气候、季节、地形、水源和人类活动等。当水温接近零度以下时，河流可能出现冰晶形成的现象。河流的补给特征是影响河水温度的主要因素。冰川和积雪供水的河流通常具有较低的水温；从大湖泊流出的河流在春季具有较低的水温，而在秋季具有较高的水温；富含地下水补给的河流在冬季和春季具有较高的水温。还有其他许多因素会影响河水温度，如太阳辐射和流域的气温等。河水温度还会随时间的变化而发生变化。夏季水温表现出明显的日变化，尤其是中低纬度的河流比高纬度的河流更为显著。季节性变化表现为夏季水温高，冬季水温低，北方河流可能会结冰。

河水温度还会随着水流距补给水源的远近而发生变化。水流距补给水源越近，水温越接近补给水源的温度；水流距补给水源越远，水温受流域气温状况的影响就越明显。河水、大气和河谷地表之间的热交换也会导致水温的变化。一般来说，由于河流的发源地海拔较高，河口地段海拔较低，水温会从上游向下游逐渐升高。例如，长江发源于青藏高原的各拉丹冬冰川，源区和上游的水温较低，但经过四川盆地和中下游平原后，到达河口地段时水温升高。此外，河流的流向也对其水温产生影响。例如，从亚欧大陆和北美大陆流入北冰洋的大小河流，其下游的水温较低。甚至单个河流的北向河段，这一特点也非常明显。

河水温度对河流生态系统具有重要的生物学作用，其变化会影响鱼类的繁殖、水生植物的生长及水中的溶解氧含量。由于水的密度特性，在冬季水温可以保护水中的生物，冰的导热性较差，能够保护河底不被完全冻结。水温对生物的生存、洄游、产卵、孵化和水质都产生影响，具有保护生物作用。不同的鱼类对水温的要求非常严格，例如，长江干流上四大家鱼的繁殖季节要求水温在18~28℃变动，而21~24℃被认为是四大家鱼产卵的最佳温度范围，最低产卵温度为18℃，低于此温度时四大家鱼将停止产卵。

5. 径流情势

1）年内变化

径流变化呈现出周期性和随机性。周期性指的是径流在一定时间范围内呈现出重复出现的规律。在自然界中，径流受到季节性气候变化、地表水蓄积与排空、地下水补给和地形地貌等因素的综合影响。这些因素会导致径流量在一定的周期内发生变化，表现为洪水季节和枯水季节交替出现的规律。由于这些影响因素本身具有周期性，因此径流变化也呈现出周期性。例如，季节性气候变化会导致降水量和融雪量的周期性变化，进而影响径流量。夏季降水量多，融雪量减少，导致径流量相对稳定；而春季和秋季则经常出现降水量多和融雪量增加，所以径流量较大；冬季气温较低，降水量少，地表结冰，导致径流量较小；这些周期性的气候变化导致径流在一年内出现明显的季节性变化。径流变化也具有一定的随机性，地表水文过程受到多种因素的影响，如降水量、蒸发散发、土壤含水量、植被覆盖等，这些因素在不同的时间和空间上存在着随机性的变化。例如，降水可能会出现强度不同和分布不均匀的情况，导致径流量的随机波动，土壤含水量和植被覆盖状态也会受到气候变化和人类活动的影响，进而影响径流量的随机性。

径流的年内变化也被称为年内分配，即将一年总水量按照各月份进行分配，径流的年内分配通常用流量过程线来表示。横坐标通常根据工程规划设计的需要而确定，以月份或旬（十天为单位）来表示，相应的流量即为月平均流量或旬平均流量。流量过程线能够表示径流在一年内的变化，但其时序通常不采用日历年，而采用水文年度。这是因为水文现象的年变化过程与日历年并不完全一致，因此在研究水情规律和进行水文计算时，常使用水文年度。水文年度按照洪水期和枯水期在一年内的周期性变化来划分，水文年度的起始点是从地下补给稳定转为地表补给逐渐增加的时刻，到枯水期结束为止的整个年度过程。在地下水补给稳定时，地下水通过渗透和涵养提供了主要的水源补给，水位和流量相对稳定。随着降水增加和融雪的出现，地表补给开始逐渐增加，水位和流量开始升高，进入洪水期。与此相反，在枯水期结束后，降水减少，蒸散发增加，水位和流量开始下降，进入枯水期。

径流的年内变化规律主要取决于补给水源，可以通过分析各个不同地区典型的流量过程线来研究各地区径流年内的变化规律。然后根据一定的原则和指标进行总结，就可以将我国河流的径流年内变化分成不同的类型。径流年内的季节分配影响着河流对工业、农业的供水情况及航行时间的长短。径流的季节分配主要取决于补给来源及其变化，我国大部分河流主要依靠降水补给，因此径流的季节分配在很大程度上取决于降水的季节分布。对于北方的河流来说，除了降水外，热量条件也是一个重要因素。

径流的年内分配具有重要的生态意义。径流年内分配的变化导致了各种生物所需的水文条件发生变化，最终破坏了适应这种水文条件的生态系统。例如，洪水期的减少将导致河流与以前的洪泛湿地之间的联系减弱，进而导致湿地泥沙和营养物质的供应减少，使湿地逐渐变得贫瘠和盐碱化，植被覆盖率下降，湿地逐渐萎缩和破碎，甚至大面积丧失。水生食物链断裂，栖息地被破坏，生态平衡失调，导致生物多样性和生物生产力下降。

2）多年变化

河流水情的周期性变化规律是决定河流生态系统特征和生物多样性的关键因素。研究年径流的多年变化规律为确定水利工程的规模和效益提供了基本依据，同时对中长期预报和跨流域引水也十分重要。年径流的多年变化通常包括年际变幅和多年变化过程两个方面。

年际变幅通常用年径流变差系数（C_v）和实测最大年平均流量与最小年平均流量的比例（年际比值）来表示。年际变幅反映了一个地区年径流相对变化的程度。C_v 值大表示年径流的年际变化剧烈，不利于水资源的利用；而 C_v 值小则表示年径流的年际变化较缓和，有利于水资源的利用。C_v 值的大小受到年径流量和补给来源的影响，一般随着径流量的增大而减小。以高山冰雪融水补给或地下水补给为主的河流 C_v 值较小，而以雨水补给为主，尤其是雨水变化大的地区 C_v 值较大。山区的年径流变差系数大，其 C_v 值大于平原地区的 C_v 值。在中国，C_v 值的分布也有明显的地带性规律，与年径流量的分布趋势相反。年径流量从东南向西北递减，而 C_v 值从东南向西北递增，即从丰水带的 0.2～0.3 增至缺水带的 0.8～1.0。各主要大河的 C_v 值除了受气候条件的制约外，还受到集水面积大小的影响，不同大河的 C_v 值差异较大。以长江和淮河为例，长江（汉口站）的 C_v 值为 0.13，淮河（蚌埠站）的 C_v 值为 0.63。这是因为长江流域面积大、流程长，两岸支流处于不同的气候区和自然地带，一年内各支流的径流量丰枯往往不一致，从而使得长江干流的径流量得到调节，多年变化也较为缓和。大河干流的 C_v 值通常低于 0.15，而大多数的支流 C_v 值则在 0.2 以上。

3）洪水期

洪水是一种峰高量大、水位急剧上涨的自然现象。洪水的形成往往受气候、下垫面等自然因素与人类活动因素的影响。在我国，河流的主要洪水大多是暴雨洪水，多发生在夏、秋季节，南方一些地区春季也可能发生。

洪水的指标有洪峰流量、洪峰水位、洪水过程线、洪水总量（洪量）、洪水历时和洪水频率（重现期）等。洪峰流量指的是洪水通过河流某个断面的瞬时最大流量值，相应的最高水位则称为洪峰水位。洪水过程线是指在时间轴上以江河的水位或流量为纵坐标，绘制洪水从起涨至峰顶再回落到接近原来状态的整个过程曲线。洪量是指一次洪水过程通过某个断面的流量总和，通常以亿 m^3 为单位。洪水历时则是指洪水发生的时间跨度。此外，水文学中常以一次洪水过程中一定时段通过的水量最大值来比较洪水的大小，如最大 3 天、7 天、15 天、30 天、60 天等不同时段的洪量。

洪水期对水生生物尤其是鱼类具有重要的生态学意义。在高水位期，河滩地成为鱼类产卵和肥育的场所。河滩地形成了与河流生态系统相关的独立生态系统。在自然条件下，河流的水文状况对生态系统的正常运转具有决定性的作用。洪水的频率、持续时间及水深对河滩地具有重要意义。当洪水过程结束后，洪水期的河滩地无法得到洪水泛滥时的水源补给，导致两岸湿地面积变小，降低了河滩地淹没的频率和持续性，进而导致生物产量的减少和脱水现象的发生。河滩地失去了农业和渔业的功能，对某些洄游鱼类的产卵和繁殖造成了巨大的破坏，阻碍了鱼类的孵化和迁徙，改变了水生生物的食物网结构，也导致了岸边植被复原能力的降低或消失，甚至减缓了植被的生长速度。

4）枯水期

枯水期是指流域内降雨量较少、河流断面的流量过程相对稳定的时期。在这个时期，河流的水温通常较低。枯水期的河流流量主要由流域中蓄水量的消退及枯季降雨量所决定。枯水期的起止时间和历时完全取决于河流的补给情况。南方河流主要依靠雨水补给，每年冬季降雨量很少，因此在冬季会有一次枯水期。而北方河流每年可能经历两次枯水期，一次在冬季，主要由于降水量少，全靠流域蓄水补给，另一次在春末夏初，因为积雪已经全部融化并流入河网，夏季雨季尚未开始。

枯水径流的消退主要是由流域蓄水量的消退所引起的，其消退规律与地下水消退规律类似，可以用特定的参数来表示。这个参数反映了流域蓄水量补给枯水径流的汇流特性。因此，当流域需水量较大时，流量也会较大，流速也会较大，所以参数值较大，流域的退水速度较快。当蓄水量在河流沿程上有不同的分布情况时，比如大部分蓄水量集中在上游，那么消退速度就会较慢。

枯水期的水量同样对水生生物有着重要的影响。较长时间的小流量会导致水生生物的聚集，同时也会导致植被的减少或消失，减少了植被的多样性。植物受到生理胁迫，生长速度较慢，并且会导致地形的变化。改变淹没时间可能会改变植被的覆盖类型。若淹没时间延长，植被的功能会发生变化，树木可能会受到致命的影响，水生生物的浅滩栖息地也会丧失。

1.2.4　河流的生态系统

1. 河流生态系统结构

河流生态系统的结构可以分为以下几个层次：

①物理结构：河流生态系统的物理结构包括水体、河床和河岸。水体是河流生态系统的基础，为生物提供生存所需的水分和氧气。河床的结构和形态对水流速度、底泥沉积和水生植被的分布等起着重要作用。河岸提供了多样化的生境，包括河滩、湿地、岸边植被等，为许多生物提供栖息和繁殖的场所。②生物结构：河流生态系统中的生物结构由水生植物、浮游生物、底栖生物、鱼类等组成。水生植物包括沿河岸生长的植被、水中的浮叶和沉水植物。这些植物为水体提供氧气和有机物质，也为许多水生生物提供庇护所和食物来源。浮游生物包括微生物、浮游植物和浮游动物，它们是食物链的基础，为底栖动物和鱼类提供食物。底栖生物栖息在河床上，包括蛤、螺、甲壳动物和底栖昆虫等。鱼类是河流生态系统的重要组成部分，不仅是捕食者，还参与物质循环和种群控制。③营养结构：河流生态系统中的营养结构包括生物之间的食物链和食物网关系。水

生植物通过光合作用吸收二氧化碳和养分，为其他生物提供有机物质。浮游生物和底栖生物是食物链的基础，被其他生物捕食。鱼类和其他捕食性生物以底栖生物和浮游生物为食，形成了复杂的食物链和食物网关系。④空间结构：河流生态系统的空间结构分为河道、洄游通道、洪泛区和河岸带等。河道的形态和结构影响水流速度和水位，进而影响水生植物和底栖生物的分布。洄游通道是迁徙鱼类等洄游动物的通道，它们在洄游过程中寻找适宜的生境和繁殖场所。洪泛区是河流周边的泛滥区域，对水质净化、物质循环和生物繁殖有重要影响。河岸带包括河岸边缘和湿地，为水生植物和陆生动物提供生存所需的生境条件。

河流生态系统的结构是多个因素相互作用和影响的结果。了解和维护这些结构对于保护河流生态系统、维持生物多样性和水资源的可持续利用非常重要。同时，不同河流生态系统的结构也会因地理位置、气候和人类活动等因素的不同而有所差异。因此，在保护和管理河流生态系统时，需要考虑到其特有的结构特征和功能需求。

2. 河流生态系统功能

河流生态系统具有多种重要功能和价值。

（1）水质净化：河流生态系统通过生物活动和物理过程来净化水质。水生植物和浮游生物通过光合作用吸收二氧化碳和养分，帮助去除污染物质，同时释放出氧气。底栖生物如蛤、螺和甲壳动物等通过摄食对水体中的有机物质和底泥进行分解和净化。

（2）物质循环：河流生态系统促进了物质的循环，包括有机物质和无机物质。水生植物通过光合作用吸收二氧化碳，将其转化为有机物质，并在生物之间传递。底栖生物通过分解有机物质，将其转化为无机物质，进而重新进入水体循环。

（3）生物多样性维持：河流生态系统是许多物种的栖息地和繁殖场所。它们提供了不同类型的生境，适合不同的植物和动物。保持健康的河流生态系统有助于维护和支持多样性的生物群落，维持生物多样性和生态平衡。

（4）生态价值：河流生态系统可以为周边环境提供许多生态服务。河流提供了饮用水、灌溉水和工业用水等重要的水资源。河岸带和湿地提供了洪水调节的功能，能够减缓洪水冲击并保护周边地区。河流生态系统还提供了食物来源、渔业资源和旅游景观等。

（5）生态稳定性：河流生态系统具有一定的稳定性和抵御能力。生物之间的相互作用和物质循环帮助维持生态平衡，使河流生态系统具有一定的抵抗力，能够适应环境的变化和外界的干扰。

（6）洪水和干旱控制：河流生态系统对洪水和干旱具有调节作用。水生植物和湿地能够吸收和储存大量的雨水，减缓洪水的冲击和流速。同样，它们在干旱时期释放储存的水分可以提供给周边地区使用，缓解水资源短缺问题。

综上所述，河流生态系统不仅仅提供了众多的生态服务，还维护了生物多样性和生态平衡。因此，保护和恢复健康的河流生态系统对于保障水资源的可持续利用、维持生态功能和改善人类福祉具有重要意义。

3. 河流生态系统评价

河流作为一种自然生态系统，由水流、动植物、微生物和环境因素之间的相互作用构成。它是一个动态的有机整体，其中所有生物和环境因素的健康生存是河流生命的必要条件。河流系统由源头、湿地、河湖、多级支流和干流等组成，形成了流动的水网或河系。这种完整和动态的生命系统中，河流植物系统对于河流生命的运转和生存起着关键作用。同时，河流系统与流域系统之间的物质和能量交换，以及流域内的人工生态系统，都是河流生态系统的组成部分。这些动态过程对河流生命具有重要影响和作用。

健康的河流是指能够协调人类经济社会发展和生态环境保护的河流，它不仅具有良好的生态功能，还能够可持续地满足人类经济社会发展对其资源利用的需求。随着经济社会的快速发展和公众环境意识的提高，保护水域健康已被广泛认同。因此，我们应当确立生态系统整体性的观点，承认河流生命的自然价值和权利，在新的世界观、价值观和伦理观的指导下，以可持续的方式开发和利用河流的价值，实现开发与保护的平衡，从而达到河流生命的健康。这包括认识到河流生态系统是一个整体，其中所有生物和环境因素的完好生存是关键，同时也意识到河流生态系统与人工生态系统之间相互关联和相互影响的复杂性。

河流生态系统的评价最初关注生物对水质变化的响应，随后开始重视化学物质对水质的影响研究。早期的研究通常只关注污染引起的水体理化特性的变化，并制定了许多评价标准和法规来控制水体质量。随着这些法令的实施和对河流生态系统的认识增加，人们发现尽管在水质控制方面取得了很大的成功，但对于由土地利用等非点源污染引起的河流健康退化的研究却失败了（Genet and Chirhart，2004）。非点源污染的影响包括过度开垦、砍伐、放牧和不合理开发导致的河流两岸和沿河栖息地破坏与外来物种入侵，以及人类活动对河道、河岸带和整个流域的干扰，导致水体健康持续退化（Fore et al.，1996）。

由于利用水化学因子进行的水质监测和设定的水质标准通常无法很好地反映环境对水生生物的影响（Karr，1981；Gosz，1980）。所以一系列生物评价因子，特别是基于河流生物完整性的评价方法被广泛应用（Biggs et al.，1998；Pan et al.，1996；Davies，1995；Karr et al.，1986）。在应用生物方法评价河流健康时，选择适当的指示生物是评价生态系统健康的关键。目前的研究中，常用的指示生物包括藻类、无脊椎动物和鱼类（Barbour，1997；Pan et al.，1996）。

一般来说，河流从上游到下游，物理和化学条件会发生变化，形成了多样的生境。生物类群的特征与其生境有着紧密的关联，因此河流的生境状况主要决定了河流生物群落的组成和物种特征。我们可以利用功能类群的特征来解释河流生态系统的功能，并将河流视为一个完整且连续的生态系统，从源头到下游，外源性和内源性的营养物质变化呈连续性。根据河流生态系统的特性，其完整性应包括物理完整性、化学完整性和生物完整性这三个层次。一些研究者认为河流生态系统完整性评估应包括物理—化学评估、河流生物栖息地评估、水文评估和生物群落评估四个方面（董哲仁，2005）。

河流栖息地评价（Downs and Kondolf，2002）和生物完整性评价（Karr，1981）也成为评估生态系统完整性的重要指标（Muhar and Jungwirth，1998），在许多河流评估计划中也是不可或缺的一部分（Barbour，1997）。河流栖息地是指对水生生物产生直接或间接影响的物理化学条件的组合（郑丙辉 等，2007）。河流栖息地评价就是评估河流的物理化学条件、水文条件和河流地貌特征对生物群落的适宜度（董哲仁，2005）。在河流生态系统评估中，尺度问题是首先需要明确的问题，不同尺度的栖息地对应不同的评估参数和指标体系。根据空间尺度的不同，河流生物栖息地可以大致分为宏观、中观和微观三种类型。其中，宏观栖息地包括流域和整体河段两个层次，中观栖息地包括局部河段和深潭/浅滩序列两个层次，微观栖息地包括河流形态、河床结构、岸边覆盖物等局部状况，如图 1.4 所示。

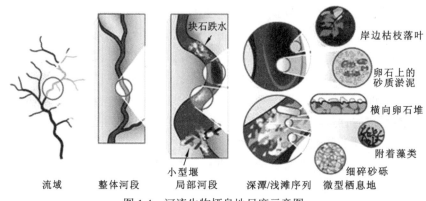

图 1.4 河流生物栖息地尺度示意图

（Federal Interagency Stream Restoration Working Group，2001）

生物完整性指数（index of biotic integrity，IBI）是通过分析生态系统中某一类生物群落（如鱼类）的物种组成、多样性和功能结构，将其与相应的参考体系进行比较，并根据分类指标评估选定区域的优劣（Karr et al.，1986）。根据 IBI 评价的目的，进行采样点的选择。如果评价的重点是人为干扰或环境恶化趋势，或者评估某个点源污染对研究水域生物完整性的影响，通常会选择存在这类干扰的河段，并在干扰源的上下游设置采样点进行对比分析。如果进行 IBI 的基础评价或长期监测，会选择研究区域中包括湍流河段、缓流河段、不同底质的河段及支流河口等各种微生境类型进行采样，并与历史监测数据进行对照，以纵向比较得出生物完整性变化的趋势。

因此，河床的结构、形状、组成和稳定程度直接影响着水生生物的分布。河床的冲淤特性取决于水流的流速、流态及河床的地质条件等因素。河流中悬移质和推移质的长期运动形成了动态的河床。在河流的上游急流区，由于水流的冲刷作用，河床主要由卵石、砾石、沙土和黏土等构成，具有一定的透水性和多孔性。这些特点为地表水和地下水之间的交换提供了通道。具有透水性和多孔性的河床基质适合水生、湿生植物和微生物的生存。不同粒径的卵石自然组合为鱼类产卵提供了场所。

1.3　鱼类洄游的机理与类型

1.3.1　鱼类洄游的机理

洄游作为很多鱼类种或不同地理种群间的一项重要行为特性，是在进化过程中逐渐形成的（Dingle，1996）。从生物进化的观点来看，物种在进化过程中总是会将有利于物种延续的特性或行为保留下来。例如，在追逐食物、躲避敌害或离开不利环境的过程中，通过自然选择，就会由不定向的、没有规律地移动，转为有方向的、周期性地运动。同时，洄游应该具有很强的遗传性，这是因为如果没有这种遗传性存在的话，鱼类就不可能将这种行为特性世世代代地延续下来。从物种延续的角度出发，在自然选择法则下，任何一个物种之所以要洄游，主要是为通过洄游获取其基本或更好生存条件（包括食物来源、繁殖刺激条件、生理变化刺激因素等），以便于能够保持该物种的种群延续性（朱存良和张玉，2007；叶富良，2002）。因此，在洄游形成的过程中，既可能受到历史因素（感官经验的积累）的作用，也可能受到环境因素的影响，还可能与鱼体本身的遗传因素、鱼体内部一系列生理变化、能量学因素等密切相关。总体而言，诱发鱼类洄游和决定洄游路线的原因很可能与鱼类自身的遗传性、生理状况、季节、温度、食源、海流、水质变化等都有直接或间接的关系（Dingle，1996；McKeown，1984）。

1. 内在因素

鱼类本身的生理变化是洄游产生的原因之一。鱼类的性腺发育到一定阶段后，由生殖腺分泌到血液中的性激素开始起作用，迫使它们游向沿岸水温高、盐度低的水域。因而大多数鱼类在产卵的时候，都向近岸或河口洄游。当然也有例外，如褐牙鲆（*Paralichthys olivaceus*），一般是沿海岸线游向深海去产卵。

2. 外在因素

外界环境条件的变化能引起鱼类洄游。由于鱼类在水中生活，温度、水流和盐度等对鱼类洄游都有影响，这些环境条件的变化，引起鱼体内发生一系列的生理反应，致使鱼类在海淡水之间洄游。大多数鱼类也和候鸟一样，对温度相当敏感，它们只能在一定的水温中生活，当水温发生变化的时候，鱼类就要寻找适宜自己生活的环境，从而导致洄游。我国沿海的大黄鱼（*Larimichthys crocea*）、小黄鱼（*Larimichthys polyactis*），它们在秋末冬初就先后离开海岸，游向深海去度过严寒的冬季。水流对鱼类洄游起着重要作用，对幼鱼，由于缺乏必要的运动能力，不能与强大的水流相抗衡，只能完全被水流所"挟持"，进行被动洄游；而成鱼的洄游，在很大程度上也受水流影响，鱼类身体的两侧有被称为"侧线"的感觉器官，能帮助鱼类确定水流的速度和方向。不同鱼类对水流的刺激作用的反应也不同，有的逆流而上，有的则顺流而下。鱼类洄游与水中盐度也有关系。水中盐度的变化，会引起鱼类生理上的变化，导致鱼类血液内盐分减少或增多，能使鱼类的神经系统处于兴奋状态。不同种类的鱼或同一种类的鱼,在不同生活阶段中,对水中盐度的适应能力是不同的。对有的鱼来说,不同盐度水域的分界处,似乎是不可逾越的鸿沟,可是对另一种鱼来说,却又是它们洄游途中的"路标"。据报道,鱼类洄游还与太阳黑子的活动有关。太阳黑子活动的强弱,影响太阳辐射出的热量和射出粒子的多少,这种变化可引起大气环流的变化,从而影响水温,鱼类洄游也随之发生变化。有人观察到,当太阳黑子活动强烈、大气温度和海水温度升高的时候,大西洋鳕鱼(*Gadus morhua*)的洄游路线会受到很大影响。

3. 历史因素

硬骨鱼最初生活在淡水里,在长期自然演化过程中,由于自然界的不断变迁,冰川期随着融化的冰川变成强大的水流注入海洋,河口广大海区被淡化,形成有利于鱼类洄游的过渡适应地带,大西洋鳕鱼就是在这一地质年代的特殊时期形成具有长距离洄游的习性。历史上的这些自然环境的变化,使很多鱼类在出生地和生活场所之间进行洄游,经过无数次的自然选择,有的种类保留了这一习性,并一代代遗传下来。不同种类的鱼,由于从它们祖先那里继承下来的习性不同,经历的历史年代不同,所以遗传性的本能也有很大差别,并形成某一种群的固有特性。

1.3.2　鱼类洄游的类型

按照分类属性的差异,有多种鱼类洄游类型的分类方法。如依据洄游的主要动力,可以划分为被动洄游与主动洄游:被动洄游是指鱼类随水流而移动,在移动中本身不消耗或消耗很少的能量,如在长江流域广为分布的产漂流性卵鱼类的幼鱼。被动洄游的方向完全由水流决定,从严格意义上而言,其不具有洄游的基本特征,不是真正的洄游。主动洄游则是鱼类主要依靠自身的运动能力所进行的洄游,为真正意义上的洄游。根据鱼类在洄游时所处水层的变动可以区分为水平洄游和垂直洄游(Dingle,1996)。目前,对鱼类洄游的类型进行分类使用得最多的是根据产生洄游的原因及目的进行分类(Northcote et al.,1985)。按此标准,鱼类洄游可分为生殖洄游、索饵洄游和越冬洄游这三大类。

1. 生殖洄游

当鱼类生殖腺发育成熟时,脑垂体和性腺分泌的性激素对鱼类内部产生生理上的刺激,促使鱼类集合成群,为实现生殖目的而游向产卵场所,这种性质的迁徙称为生殖洄游。它具有集群大、肥育程度高、游速快、停止进食和目的地远等特点。大多数海洋鱼类的生活史均在海洋度过,它们的生殖洄游都由远洋游向浅海,进行近海洄游。如小黄鱼、大黄鱼、带鱼(*Trichiurus japonicus*)、鲐(*Scomber japonicus*)等。与此相反,青鱼(*Mylopharyngodon piceus*)、草鱼(*Ctenopharyngodon idellus*)、鲢(*Hypophthalmichthys molitrix*)、鳙(*Aristichthys nobilis*)是终生生活在江河中的淡水鱼类,它们的生殖洄游是从江河下游及其支流上溯到上、中游产卵，其行程可达 1 000～2 000 km。此外，鲥（*Tenualosa reevesii*）、大麻哈鱼（*Oncorhynchus keta*）、鲟科、大银鱼（*Protosalanx hyalocranius*）等海鱼，在生殖季节成群溯河进入我国黑龙江、长江及其支流中产卵。繁殖活动结束后，大麻哈鱼因长途跋涉和饥疲交加致体衰力竭而全部死亡，所以是一次性生殖的鱼类。鳗鲡科的性成熟年龄在 8 岁以上，集群游向深海进行繁殖的亲鳗于产卵后均因疲惫而死，无一生还。幼鳗孵化后，逐渐向亲鳗栖息的江河进行溯河洄游，此时的幼鳗周身透明，头细，体似柳叶状，故名柳叶鳗，经过生长和变态才成鳗形的线鳗。渔民在掌握了鳗鲡的周期性洄游规律后，每年初春于长江下游捕捞幼鳗进行养殖。其他鱼类产卵后，通常都在产卵场停留一段时期进行休整和肥育，然后循原路游回海中生活。

2. 索饵洄游

鱼类为追踪捕食对象寻觅饵料所进行的洄游，称作索饵洄游，例如，我国福建南部蓝圆鲹（*Decapterus maruadsi*）、带鱼和隆头鱼科集群洄游。索饵洄游在结束繁殖期或接近性成熟的鱼群中表现得较明显而强烈，它们需要通过索食来补充因生殖洄游和繁殖过程中所消耗的巨大能量。并且索饵洄游也有利于鱼类恢复体能、增强体质，以及积贮大量营养物以供它们生长、越冬和性腺再次发育的需要。有些鱼类在索饵洄游途中还伴有垂直洄游现象，它们在采食场对追食的饵料生物作朝降暮升的垂直分布的移动。由于生境类型及鱼类种群具有差异，鱼类索饵洄游所表现出来的特征也具有高度的可变性。这种可变性包含洄游可能发生在鱼类不同的生活史阶段及具体生活史阶段的不同时间。长距离的不同类群间的迁徙差异是如此之大，以至于我们不能够对其迁徙特征进行很好的辨识。在许多情况下，鱼类在索饵洄游的过程中，也许与个体获得更合适的生长速度及存活机会有更为紧密的联系，而不仅仅是为了获得最大的食物摄入量。通过鱼类向周围水域的散布，一方面可以减少种群密度过大而引起的竞争博弈，另外一方面可以尽可能地利用更多的生态资源，维持或增加种群的原有数量，保持物种的延续。

3. 越冬洄游

当秋季气温下降影响水温时，鱼类为寻求适宜水温常集结成群，从索饵的海区或湖泊中分别转移到越冬海区或江河深处，这种洄游叫作越冬洄游。鱼类进入越冬区后，即潜至水底或埋入淤泥内，体表有一层黏液，暂时停止进食，减少活动，降低新陈代谢，以度过寒冷的冬季。在长江上游区域，生殖洄游、索饵洄游和越冬洄游是许多鱼类生活周期中不可缺少的环节，但是三者又以各自的特征和不同目的而相互区别，它们三者间的关系如图 1.5。洄游为鱼类创造最有利于繁殖、营养、越冬的条件，是保证鱼类维持生存和种族繁衍的适应行为，而这种适应行为是在长期进化过程中形成并由遗传性固定而成为本能的。

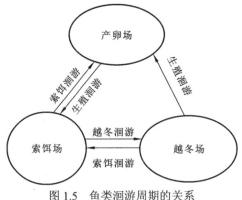

图 1.5　鱼类洄游周期的关系

1.3.3　洄游鱼类的类型

根据鱼类在不同水体中或不同水体之间的洄游情况（McDowall and Pole，1997），可以将洄游鱼类分为 3 大类。

1. 海洋洄游鱼类

所有迁徙活动发生在海水中的洄游鱼类，称为海洋洄游鱼类，如分布在我国邻近水域的金枪鱼科、带鱼、黄鲫（*Setipinna taty*）、小黄鱼等。在这类洄游鱼类中，其最简单的方式为鱼群在远海（越冬场）和近海（产卵场和索饵场）之间作季节性的迁徙。如分布在我国渤海、东海和黄海的小黄鱼，其在东、黄海分布的群体每年 12 月至次年 2 月在济州岛西南、东海中南部海域越冬场越冬；随后在 3 月份，栖息在外海越冬场的小黄鱼经 32°00′N、123°30′～124°30′E 的水域向近海迁徙从而进行生殖洄游，并在 3 月下旬进入舟山渔场；在舟山渔场，该鱼群与从东海中南部近海北上的产卵群体汇合，一部分就地产卵，一部分继续北上于 4 月进入吕泗渔场；5～6 月时，产卵后的小黄鱼成鱼和幼鱼群体集中在舟山渔场、长江口渔场和吕泗渔场的禁渔线外侧，并在 7～9 月进入大沙渔场进行索饵洄游；10 月以后，索饵场的小黄鱼大部分游向外海的越冬场，而少数部分南下回到东海中南部近海的越冬场，从而完成其整个洄游过程。

2. 淡水洄游鱼类

整个洄游都发生在淡水之中的鱼类，称为淡水洄游鱼类，包括江河洄游鱼类、江湖洄游鱼类。如在我国广泛分布的四大家鱼（青鱼、草鱼、鲢、鳙）。这类鱼的幼鱼及产过卵的亲鱼平时栖息在水流较缓、饵料丰富的江河中下游河湾及其附属湖泊中摄食生长。当繁殖季节来临时，成熟个体就集群从江河中下游及其附属湖泊溯流而上，到干流的中上游的适宜江段产卵繁殖。四大家鱼的卵均属漂流性卵，产出的卵吸水膨胀后比重略大于水，在水流的作用下悬浮于水中顺水漂流几十至上百千米，当这些出生的个体性成熟时，其又会回到上一代进行繁殖的产卵场繁殖下一代。

与此类似，在江河中分布的产漂流性卵鱼类如铜鱼（*Coreius heterodon*）、圆口铜鱼（*Coreius guichenoti*）、长薄鳅（*Leptobotia elongata*）等及在繁殖季节需要上溯到干流上游或支流上游进行产卵的鱼类如鲈鲤（*Percocypris pingi pingi*）等，从某种意义上而言，其均属于江河洄游鱼类。这类鱼在长期进化中所形成的与外部客观环境相适应的某些特性，决定了其能够在复杂的生境中种群延续的可能性。

3. 河海洄游鱼类

在淡水和海水之间进行洄游的鱼类，称为河海洄游鱼类。该类鱼又可以分为三个子类。

溯河洄游鱼类：这类鱼在海洋中生活长大，至繁殖期从海洋进入江河产卵，在洄游中要从海水跨越到淡水中，在生理上往往经历巨大调整，如主要分布在黑龙江区域的大麻哈鱼、长江流域的中华鲟（*Acipenser sinensis*）等；

降海洄游鱼类：这类鱼平时在淡水中生活，至繁殖期在淡水江河集群游入海洋产卵。它们在洄游途中生理上的变化正与溯河鱼类相反，如在长江中下游干流、洞庭湖和鄱阳湖等分布一定数量的日本鳗鲡（*Anguilla Japonica*）等；

两栖洄游鱼类：这类鱼有部分生活史阶段（通常为幼鱼阶段）在淡水至海水之间进行来回迁徙，但大部分生活史在淡水或海水之中完成，它们的洄游与繁殖下一代没有关系，如分布在秀姑峦溪的鰕鲩科等。

1.4　大坝阻隔对鱼类洄游的影响

1.4.1　对河流生态系统的影响

完整的河流生态系统应该是动态的、开放的、连通的，河流的连续性不仅是指河流在地理空间上的连续，而更重要的是指生物过程及非生物环境的连续。生态系统中生物过程及其物理环境的连续，从河流源头到下游，河流系统的宽度、深度、流速、流量、水温等物理变量具有连续变化的特征，生物群落随河流水文—水力学特征连续性变化呈现连续性分布，生物体在结构和功能方面也与物理体系的能量耗散模式保持一致。生物群落对于河流纵向水域生境条件的调整和适应，充分反映了生物群落与淡水生境的适应性和相关性。

大坝的建设导致了河流纵向连通性的丧失，使得河流上下游之间的连通由双向性转变为有限的单向性，形成了阻隔效应。主要体现在物理环境的阻隔和生物群落的阻隔两个方面，前者体现在阻隔了水流传播通道，使得水文过程不再呈整体连续性分布，后者体现在阻隔了水库上下游生物种群之间的基因交流，对物种的长期进化产生不利影响。

具体影响上，大坝的建设切断了河流的洪水冲击，导致下游河段的水位和水流量削弱。这改变了河流的水动力条件，影响了底栖生物和水生植物的生存和繁殖。例如，水流速度减小和水位降低可能导致生物栖息地的丧失，影响了鱼类和其他水生生物的栖息地选择和繁殖行为。在大坝上游形成了水库，由于改变了河流水质和水动力条件，大坝蓄积了水量并减弱了水流速度，导致了水体的静止和停滞，这种改变可能导致底泥堆积、富营养化和藻类暴发等问题，影响了河流生态系统的水质和生物多样性。此外，大坝的建设通常导致了底泥堆积和湿地丧失，进一步影响了河流生态系统的结构和功能。底泥堆积导致水深变浅，影响了河流的水栖植物和底栖生物的生存和繁殖。湿地丧失导致了栖息地的减少，威胁了许多鸟类、两栖动物和其他湿地生物的生存。许多鱼类的繁殖、索饵和越冬等生命行为需要在不同的环境中完成，具有在不同水域空间（上下游之间、江湖之间）进行周期性迁徙的习性，阻隔使得部分鱼类不能有效达到其目的地，无法完成生活史。另外洄游的幼鱼通过大坝下行的时候受到高速水流的冲击（或者通过水轮机）后成活率大幅下降。这些均会导致鱼类资源量大幅下降甚至物种消亡。

1.4.2 对径流情势的影响

1. 水库淹没区

1）自然水文情势改变

大坝建设后，库区水位抬高，并且由于洪水期水库的调蓄和泄洪，致使水位发生比较频繁的变动，且变动的幅度较大。水库淹没引起流速减缓、水深增大、流态单调、泥沙沉积、反季节涨落等改变原河流自然生态条件的现象，进而造成一系列难以预料的生态学后果。如水库淹没导致的水域生境层次简化，会使有些流水性鱼类的关键生境消失。对产漂流性卵鱼类，水库建成后流速变缓使上游所产的卵没有足够的距离进行漂流发育，增加它们的早期死亡率。因此，在水利工程修建一定的时期后，很多原有的、适应流水环境的鱼类逐步消失，鱼类种类结构发生根本性的变化。如伏尔加河（Volga）上的高尔基水库（Gor'kovskoevdhr.）地区，在天然状态下，枯水期平均流速的变化范围为 0.26～0.32 m/s，但高尔基水库蓄水后，在距大坝约 50 km 的回水区内，流速降低了 60%～70%，一些适应在急流河段繁殖的鱼类生存条件恶化，在水库的支流和大坝下游，喜溪流鱼类种群的数量减少，而湖泊—河川鱼类的分布区大大地扩大。

2）溶解氧降低

一些年调节和多年调节水库，由于水库分层导致的水体垂直交换受阻，以及外源有机物在库区沉积、微生物的分解作用等原因，可能导致库区底层出现缺氧甚至无氧的状况。如伏尔加河上的伏尔加格勒水库（Volgograd Reservoir）和伊万科夫水库（Ivankovo Reservoir），夏季坝前库区水底层的含氧量每升只有零点几毫克。Knipovich 等（1970）的研究表明，在弗雷泽河（Fraser River）上的莫兰水库（Moran Reservoir）的坝前库区，冬季有机沉淀物的浓度由建坝前的 20 mg/L 上升到建坝后的 800 mg/L，上升了 39 倍，使得生化需氧量（biochemical oxygen demand，BOD）大大提高，导致坝前库区底部无氧状况的发生。鱼类是有氧呼吸的生物，坝前库区底层的缺氧甚至无氧环境，可以直接造成鱼类的死亡。

2. 坝下江段

1）涨水过程趋于平缓

大坝修建以后，由于水库的调节作用，坝下江段水位、流速和流量的周年变化幅度降低，河道的自然水位年内变化趋小，沿岸带消落区的范围变窄，大片的泛滥区消失，有些调峰水电站还会造成坝下江段日水位的剧烈变动。如丹江口水利枢纽修建以前，汉江中下游周年流量在 $250\sim3\,300\ \mathrm{m^3/s}$ 变动，周年月平均水位变动幅度为 $88.8\sim91.6\ \mathrm{m}$，每年 $5\sim8$ 月份水位出现多次的明显涨落过程。而建坝以后，坝下江段流量的周年变化幅度缩小，冬季流量上升到 $750\sim900\ \mathrm{m^3/s}$，坝下江段水位因此也较为稳定，周年变幅缩小在 $88.6\sim89.6\ \mathrm{m}$。这对中下游鱼类的繁殖、摄食和生长都可能产生比较明显的不利影响。

2）水温降低

年调节和多年调节水库，由于水交换量小，库区容易产生水温分层的现象，而大坝多采取底层取水，下游河道的水温因此也比原天然河道的水温低。例如，新安江水库建成后，坝下江段的水温显著降低，年平均水温下降 $1.4\sim5.5\ \mathrm{℃}$。

水库下泄的低温水，对鱼类直接影响是导致繁殖季节推迟、当年幼鱼的生长期缩短、生长速度减缓、个体变小等问题发生。例如，余志堂（1982）的研究表明，丹江口水利枢纽兴建以后，由于坝下江段水温降低，导致该江段鱼类繁殖季节滞后 20 天左右，当年出生幼鱼的个体变小、生长速度变慢。对比建坝前后冬季的数据，该江段草鱼当年幼鱼的体长和体重分别由建坝前的 345 mm 和 780 g，下降至建坝后的 297 mm 和 475 g。

3）气体过饱和

水中气体过饱和是由于水库下泄水流通过溢洪道或泄水闸冲泻到消力池时，产生巨大的压力并带入大量空气所造成的。过饱和气体需要经过一定流程的逐渐释放才能恢复到正常水平。Beiningen 和 Ebel（1970）的研究表明，美国哥伦比亚河（Columbia River）的约翰迪坝（John Day Dam）下泄水的氮气饱和度达到了 135%，流经 120 km 江段后到达麦克乃瑞坝（McNary Dam），其饱和度仅仅降至 114%左右，表明氮气过饱和作用的影响需要经过较长距离的释放作用才能消除。氮气的过饱和对鱼类的影响是十分严重的，有时甚至会对整个流域的渔业造成毁灭性的破坏。美国国家海洋渔业局在斯内克河（Snake River）下游对大鳞大麻哈鱼（*Oncorhynchus tschawytscha*）幼鱼的存活率的对比研究表明，在斯内克河上，从支流萨蒙河（Salmon River）口至艾斯哈伯坝（Ice Harbor Dam）江段，1970 年下莫曼特坝（Lower Monumental Dam）和小古斯坝（Little Goose Dam）建成后，由于氮气过饱和的影响，该河段上大鳞大麻哈鱼幼鱼的存活率，由建坝前的接近 100%，降低至建坝后的 30%左右，几乎毁灭斯内克河的大鳞大麻哈鱼渔业，每年的经济损失约 260 万美元。

1.4.3　对鱼类活动的影响

1. 纵向生物通道阻隔

1）阻隔上溯

上溯的鱼类包括溯河、江河、江湖洄游鱼类的成鱼及降河洄游鱼类的幼鱼，前者要上溯到适宜的产卵场进行繁殖，后者要上溯到索饵场肥育。大坝阻隔了这些洄游通道，对需要大范围迁移的种类产生的影响往往是毁灭性的。加拿大弗雷泽河莫兰（Moran）江段鬼门峡大坝（Hell's Gate Dam，高 60 m）的修建，阻隔了红大麻哈鱼（*Oncorhynchus nerka*）的溯河通道，使该江段红大麻哈鱼的年捕捞量急剧下降，直到 1946 年在鬼门峡大坝上修建了鱼道以后，红大麻哈鱼的年捕捞量才逐渐上升，但仍仅相当于原来的 22.35%。美国东海岸，在康涅狄格河（Connecticut River）、梅里马克河（Merrimack River）和佩诺布斯科特河（Penobscot River）等流域修建水坝后，鲑科、鲱科逐渐绝迹（Baum et al.，1994；Meyers et al.，1994；Stolte，1994）。对于淡水洄游鱼类，由于亲鱼不能上溯到大坝上游产卵，导致坝址上游种群逐渐减少至消失。我国新安江大坝建成后，当地鱼类从 107 种降低到了 83 种（Zhong and Power，1996）。

2）妨碍下行

许多洄游鱼类的亲鱼可以多次繁殖，在完成繁殖任务后，它们还要顺流下行到肥育场所，继续生长和肥育，如鲥、鲟科、美洲西鲱（*Alosa sapidissima*）等。上游孵化出的幼鱼需要在河流中漂流发育，到肥育场所长大。由于大坝的阻隔，亲体将无法下行或在过坝时受到水轮机伤害，而不能过坝的幼鱼将沉降在库底而延误正常的发育时机。美国鱼类和野生动物管理局 2001 年曾报道，在哥伦比亚河支流汉福德（Hanford）建坝后，大量大鳞大麻哈鱼幼鱼被迫滞留在 17 英里①长的水库内，造成约 15 万条幼鱼的死亡。

2. 生境破碎化

生境破碎化是指原来自然连续成片的生境，被分割与破碎，从而形成分散、孤立的岛状生境或生境碎片的现象。有些鱼类，如河流和江湖洄游鱼类，没有严格的洄游需求，或洄游距离较短，似乎受大坝阻隔的影响较小。但是，对这些鱼类的种群生态学及种群遗传学的长期跟踪研究表明，当完整的河流连续体被分割成片段后，鱼类种群也被分割成多个小群体的集合，被称为集合种群或破碎种群。由于破碎种群各个小群体间基因交流存在障碍，会导致遗传分化进而使种群遗传多样性的维持能力降低。遗传多样性的丧失会导致经济鱼类的品质退化，对珍稀濒危鱼类，则可能影响物种的生存。

生境破碎化使在局部水域内能完成生活史的鱼类种群被分隔成相对孤立的、较小的异质种群，从而使得鱼类种群的遗传多样性及种群生存力受到明显影响，如 Jager 等

---

① 1 英里≈1.6 km。

（2001）通过在一定距离河段依次增加虚拟大坝数目的梯度实验研究发现，随着破碎化程度增加，洄游鱼类白鲟（*Psephurus gladius*）的种群遗传多样性降低，种群生存力呈指数下降，上游的灭绝风险高于下游；Leclerc 等（2008）对分布于加拿大圣劳伦斯河（Saint Lawrence River）310 km 河段 16 个采集地的 1 715 条黄金鲈（*Perca flavescens*）进行了遗传学分析，结果明确了对基因流有限制作用的 3 个区域，同时发现种群遗传差异和产卵场片段化程度呈正相关，并提出该河段鱼类已经特化为 4 个独立生物单元；Nerass 和 Spruell（2001）利用 8 个微卫星位点的变异情况对被卡比尼特峡坝（Cabinet Gorge Dam）分割的红点鲑（*Salvelinus leucomaenis*）的 2 个群体的种群遗传结构进行分析，结果表明由于该种鱼类在庞多雷湖（Pend Oreille Lake）的支流里产卵，在湖泊中肥育，大坝的阻隔使成熟亲体不能回到支流产卵繁殖，因而生活在支流的群体和生活在湖泊的群体产生了显著的遗传分化；Morita 等（2009）发现大坝阻隔和生境破碎使红点鲑遗传多样性和种群生存力减小，其影响程度与隔离种群大小呈负相关；Hudman 和 Gido（2013）在溪鲢（*Semotilus atromaculatus*）的遗传多样性的研究中发现，静水的库区能够阻碍不同生境斑块之间的鱼类的基因交流。Carim 等（2016）在美国蒙大拿州（State of Montana）弗拉特黑德河（Flathead River）流域对克拉克大麻哈鱼（*Oncorhynchus clarkii*）的调查研究发现，隔离生境中的克拉克大麻哈鱼种群的遗传多样性呈现一致性的下降，该下降与隔离生境的大小及质量无明显的关系。同时，生境破碎化会改变不同鱼类种类的种间关系，进而影响破碎生境区域营养关系及食物网功能，如 Tsuboi 等（2019）发现大坝引起的生境破碎化对红点鲑和虹鳟（*Oncorhynchus mykiss*）在流域及溪流尺度上的共存造成了明显的影响，加剧了这两种鱼类在破碎生境内的种群间食物竞争关系。此外，破碎生境导致的栖息地质量的下降及面积的减少，会对种群的数量规模、个体的规格及关键生活史的完成造成不利的影响，如林鹏程等（2019）、Zhang 等（2018）分析认为长江上游梯级水电站导致的河流原有生境的破碎化是引起长江上游许多特有鱼类种类种群数量下降的主要原因；Zhang 等（2018）研究发现金沙江中游梯级水电站的开发会对金沙江下游攀枝花江段圆口铜鱼产卵场的生境适宜性造成明显的影响，并指出随着金沙江中游梯级水电站的开发，金沙江下游圆口铜鱼的产卵场面积会逐渐减少。

　　研究表明，生境阻隔会对鱼类洄游或移动造成明显的影响，且这种影响除了坝体引起的物理阻隔效应以外，还包括库区水动力学条件改变引起的生态过滤效应。相对于单一大坝而言，梯级大坝导致的阻隔效应是多重的。Morissette 等（2016）对美洲鳗鲡（*Anguilla rostrata*）在加拿大魁北克州（Québec）圣劳伦斯河各坝上的上下游迁徙进行了研究，发现相对于下行，美洲鳗鲡上行通过水坝的可能性更低。Yang 等（2017）也曾经发现相较单一的大型水库和大坝，多个梯级大型水库和大坝能够对金沙江下游圆口铜鱼的下行产生更为严重的阻隔效应。Ganassin 等（2021）在巴西 3 个流域的研究结果也发现，在一个水库梯级系统中，由于水库的多重阻隔效应，鱼类的物种多样性沿着水库梯级从上游到下游呈现明显的下降趋势，且以第四级及以下级水库生物多样性改变最为明显。

第 2 章　鱼类洄游通道恢复措施

2.1　引　言

洄游鱼类通过大坝的工程措施主要包括鱼道、仿自然通道、升鱼机等上行设施和栅栏、旁路系统等下行设施，辅助设施则以提高洄游鱼类通过效率的诱、导鱼设施为主。过鱼设施按组成结构划分为进口、主体结构、出口三部分。进口是过鱼设施的重中之重，设计要点包括位置、结构、数量、运行水位等；鱼道主体结构的设计要点有坡度、长度、流速和池室结构等，对于升鱼机、集运鱼系统而言，转运过程中避免出现机械损伤和应激反应为其设计要点；出口结构的设计要点为数量、运行水位、拦漂设施等。除工程措施以外，规范化的运行和管理及加强过鱼设施效果监测与评估对于帮助鱼类通过过鱼设施同样重要。

2.2　主要过鱼设施类型

过鱼设施是指为鱼类提供通过河流、水坝或其他水体障碍物的通道或设施。这些设施的目的是帮助鱼类迁徙、越过障碍物，以维护鱼类的生态系统和保护鱼类种群。根据阻隔类型及过鱼目标的不同，过鱼设施可分为上行过鱼设施和下行过鱼设施两大类，上行过鱼设施通常包括鱼道、仿自然通道、鱼闸、升鱼机和集运鱼系统，下行过鱼设施通常包括物理栅栏、行为栅栏和旁路系统。

2.2.1　上行过鱼设施

1. 鱼道

鱼道，又称鱼梯、技术型鱼道，是以一定坡度连接阻隔障碍物上下游的水槽式人工水道，内部由一系列隔板分隔成若干连续阶梯状的池室，是最常见的过鱼设施类型之一。1830 年世界第一座鱼道修建在苏格兰泰斯河（Teith River）皮特洛赫里水电站（Pitlochry Dam）上。1880 年美国第一座鱼道修建在罗得岛（Rhode Island）帕塔克塞特大坝（Pawtuxet Falls Dam）上。进入 20 世纪后，随着水利水电工程的发展，世界范围内鱼道数量迅猛增加。据不完全统计，仅美国已建各类鱼道超过 500 座。鱼道由槽身、隔板、进口、出口等组成（见图 2.1），进口位于下游，出口位于上游，槽身呈一定坡度并由设有孔、槽或缝的隔板分隔为若干个梯级池室，在隔板的作用下，水流在池室内消能减速，使得鱼类能够从隔板上的孔、槽或缝自行上溯通过。根据鱼道隔板形式的不同，鱼道的主要类型有丹尼尔式鱼道、池堰式鱼道、竖缝式鱼道、底坎式鱼道等。鱼道具有构造稳定、过鱼连续等优点，其缺点是对于峡谷地区修建的高水头工程，鱼道长度长，占地范围广，布置难度大，修建费用高。另外，鱼道具有一定的适用水位变化范围，当进出口水位变幅较大时，内部流速可能发生较大变化，影响鱼类通过。因此，鱼道通常应用于中、低水头工程。

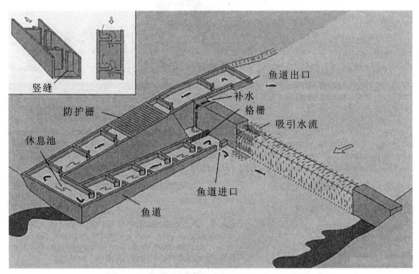

图 2.1　鱼道示意图（Royte et al., 2018）

（1）丹尼尔式鱼道，内部布置一系列角度倾斜、间距较密的"U"形隔板的一种鱼道结构形式。

丹尼尔式鱼道的发展。丹尼尔式鱼道最早由比利时土木工程师丹尼尔在 1909 年为大西洋鲑（*Salmo salar*）通过乌尔特河（Ourthe River）的昂格勒尔坝（Angleur Dam）而设计的。之后，欧美学者及工程师在丹尼尔式鱼道的基础上不断优化和总结，提出了法托鱼道、底坎式鱼道、"V"形隔板鱼道等不同丹尼尔式鱼道的分支。

丹尼尔式鱼道的结构及原理。丹尼尔式鱼道由进口、出口、槽身及隔板组成（图 2.2），运行时，下泄水流在鱼道侧面及底部隔板的作用下形成反向冲击水流，达到消能减速的效果，以满足鱼类上溯要求。

丹尼尔式鱼道的特点及应用。丹尼尔式鱼道一般较窄，坡度较其他类型鱼道更陡（可达 10%～25%），占地较小。丹尼尔式鱼道可采用木质、金属、混凝土等不同材质，有些可在现场进行组装。丹尼尔式鱼道运行时水流强烈紊动，曝气程度很高，一般适合鲑科等克流能力较强的鱼类通过，多应用于小型溪流及水头不高的障碍物，如溢流堰等。

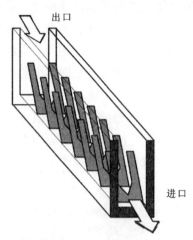

图 2.2　丹尼尔式鱼道结构图（Food and Agriculture Organization，2002）

（2）池堰式鱼道，槽身内由一系列横向隔板分隔而成，是类似阶梯水池的一种鱼道结构形式（见图 2.3）。

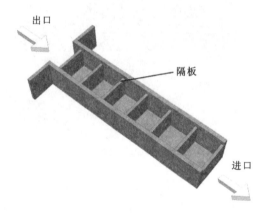

图 2.3　池堰式鱼道结构图

池堰式鱼道的发展。池堰式鱼道是最早使用的鱼道类型之一，美国的邦纳维尔大坝（Bonneville Dam）鱼道即采用了池堰式结构，随着其他形式鱼道的不断研发，近代已较少采用。在澳大利亚，早期修建的鱼道大多采用池堰式结构，因运行效果不佳，多数已改建为其他鱼道形式。

池堰式鱼道的结构及原理。池堰式鱼道由隔板将槽身分隔成梯级水池，各水池之间保持一定的落差，水流从隔板上部溢流形成跌水流入下一级，水流在水池中消能减速，鱼类从隔板上部溯游或跳跃通过，进入上一级水池。

池堰式鱼道的特点及应用。池堰式鱼道具有池内流速较小，鱼类休息条件较好，运行耗水量较小等优点，其缺点是对上下游水位变化的适应能力较差，池室流态易随水位变化而发生较大改变，影响鱼类通过。池堰式鱼道适用于鲑科等表层、喜跳跃鱼类，不适合在上下游水位变幅较大的工程中使用，在泥沙含量较大的河流中使用存在泥沙淤积问题。

（3）竖缝式鱼道，槽身内隔板设有自顶到底贯通矩形窄缝的一种鱼道结构形式。

竖缝式鱼道的发展。1943 年加拿大政府在弗雷泽河上修建了世界上第一座竖缝式鱼道，即鬼门峡双侧竖缝式鱼道。因其过鱼效果优异，竖缝式鱼道迅速推广至美洲和欧洲各国，澳大利亚也将早期修建的大部分池堰式鱼道改造为竖缝式鱼道。目前，竖缝式鱼道已成为应用最广泛的鱼道类型之一。

竖缝式鱼道的结构及原理。竖缝式鱼道一般由长短不等的隔板组合形成竖缝（见图 2.4），在隔板及竖缝的作用下，下泄水流在池室内部形成"S"形流态消能减速，满足鱼类通过要求。根据隔板中竖缝设置的数量及位置，可将竖缝式鱼道分为单侧竖缝式、异侧竖缝式和双侧竖缝式等。

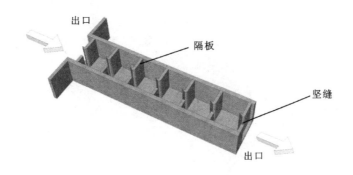

图 2.4　竖缝式鱼道结构图

（4）底坎式鱼道，鱼道由密布在鱼道底部的"V"形和"一"字形薄隔板组成，由底坎消能减速，鱼类在底坎上部通过，底坎材质可以为混凝土也可以为金属板。

2. 仿自然通道

仿自然通道可以模仿自然河流特性，连接阻隔障碍物上下游，供鱼类上溯的通道，是过鱼设施的常见类型之一。

欧洲国家如德国、奥地利、瑞士等更倾向使用仿自然通道，最早的仿自然通道修建于 1892 年，在波兰的德雷奇河（Drage River）上修建的岩石坡道仿自然通道。美国则大多采用技术性鱼道，2000 年后也开始采用仿自然通道。

仿自然通道的结构及原理。仿自然通道由人工开挖或利用原始河道改造而成，通道内部不同位置采用天然材料如不同粒径块石、土工织物、树干等塑造凸岸、边滩、堰等，以模拟自然溪流形态，使内部流态及流速多样化，满足鱼类通过需要。

仿自然通道的特点及应用。仿自然通道坡度一般较缓，通道内的构造及水流特征具有多样性，适合多种鱼类通过，同时在某种程度可以恢复部分自然河流生境。其主要缺点是布置需要较大空间、适应水位变化能力较差、耗水量大。仿自然通道主要应用在低水头工程及平原地区。

仿自然通道的类型。根据仿自然通道的结构组成及布置形式，可分为岩石坡道和仿自然旁道两种类型。

（1）岩石坡道，在河道内部以一定坡度连接上下游，底部铺设粒径不等的石块以供鱼类上溯通过，是仿自然通道的一种形式。

岩石坡道的结构及原理。坡道表面铺设不同粒径的块石，水流沿坡面流下，在底部块石的摩阻作用下得以消能减速，满足鱼类通过要求（见图2.5）。

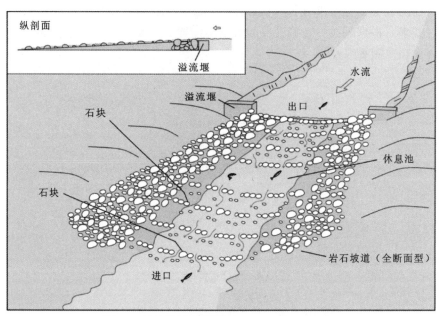

图2.5 岩石坡道示意图（Royte et al.，2018）

岩石坡道的特点及应用。岩石坡道具有施工简便、建造成本低等优点，缺点为运行水深较浅，当水位上升时，其消能效果大大减弱，因此适应水位变化能力较差。岩石坡道一般使用在水头较低的自然跌水或溢流堰上。

（2）仿自然旁道，从河岸旁侧绕过阻隔障碍物，连接上下游的具有自然河流特性的过鱼通道，是仿自然通道的一种形式。

仿自然旁道的结构和原理。仿自然旁道为河岸上人工开挖或利用天然河道改造而成的渠道，渠道内采用堆积石块、土工织物、树干等模拟自然溪流形态（见图2.6），水流在凸岸、堰、堆积体等作用下，形成多样化的流速及流态，满足鱼类通过要求。

仿自然旁道的特点及应用。仿自然旁道具有通道结构自然、内部流态多样、适应多种鱼类等优点，缺点是宽度较宽、坡度较缓（1%～5%）、占地空间较大。仿自然旁道通常运用在平原地区的低水头工程。

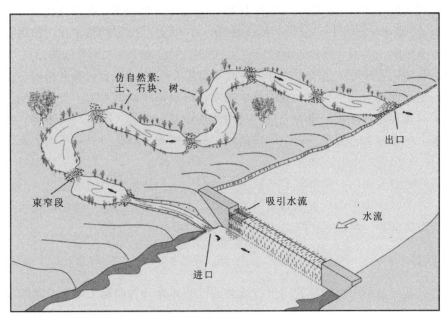

图 2.6　仿自然旁道示意图（Royte et al.，2018）

3. 鱼闸

鱼闸是通过上、下闸门启闭调节闸室内水位变化，将下游鱼类通过闸室输送过坝的一种过鱼设施（图 2.7）。

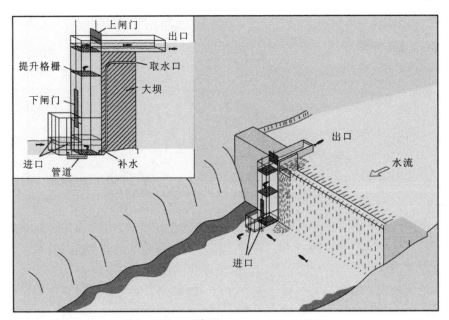

图 2.7　鱼闸示意图（Royte et al.，2018）

鱼闸的发展。首个鱼闸缩尺模型于 1949 年前后被研制出来，随后这种鱼闸被建造在利菲河（Liffey River）的莱克斯利普（Leixlip）大坝上。20 世纪爱尔兰、法国等国家曾修建了多座鱼闸，但因其过鱼效率较低，近代的过鱼设施较少采用鱼闸的形式。

鱼闸的结构及原理。鱼闸由进口、闸室（竖井、斜井）、闸门、提升格栅、出口等组成。鱼闸运行原理与船闸相似，利用补水系统在进口形成诱鱼水流，吸引鱼类进入设有防逃装置的暂养池，运行一段时间后，采用驱鱼设备驱鱼进入闸室，关闭闸室闸门，向闸室充水至与上游水位齐平，启动闸室内水平提升格栅，将鱼类提升至上游水位，打开上游闸门，驱鱼进入上游水域。

鱼闸的特点及应用。鱼闸具有适应水头范围广、鱼在闸室中随水位提升不必溯游即可过坝、对游泳能力差的鱼类尤为适用等优点，主要缺点是过鱼不连续、耗水量大及运行过程较为复杂等。鱼闸主要应用在中高水头工程中。

4. 升鱼机

升鱼机是一种利用机械装置将下游鱼类通过箱体提升并翻越大坝至上游的过鱼设施（图 2.8）。

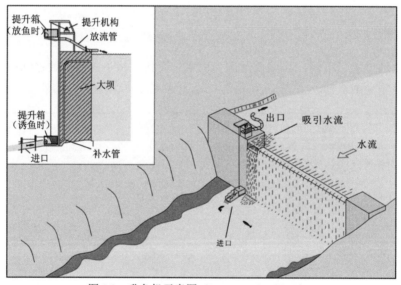

图 2.8　升鱼机示意图（Royte et al.，2018）

升鱼机的发展。最早的升鱼机源于 1926 年美国在怀特萨蒙河（White Salmon River）上建造的升鱼机试验模型。1933 年，在芬兰修建了欧洲最早的升鱼机，升鱼机作为高坝过鱼设施在美国、加拿大、法国、巴西、俄罗斯等国家广泛应用。

升鱼机的结构及原理。升鱼机一般由进口、暂养池、提升箱、提升机构、出口等组成。其运行原理与电梯相似，利用补水系统在升鱼机进口形成诱鱼水流，吸引鱼类进入设有防逃装置的暂养池中，运行一段时间后，采用驱鱼设备驱鱼进入提升箱后，提升机构将提升箱沿轨道或索道提升至坝顶，通过出口将鱼类放流至上游水域。

升鱼机的特点及应用。升鱼机具有占地较小、提升高度大、建造成本较低等优点，缺点是过鱼不连续、机械结构复杂、运行维护成本高等。升鱼机主要应用于中高水头工程及高山峡谷地区。

5. 集运鱼系统

集运鱼系统（图 2.9）通过一定的方法诱集鱼类进入船舱或其他箱体中，然后通过船只或车辆将鱼类运输过坝。

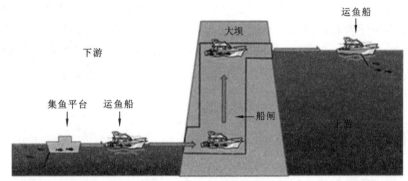

图 2.9　集运鱼系统示意图

集运鱼系统的发展。最早记载的集运鱼系统是苏联在 20 世纪 50 年代研发的集鱼船，其中科切托夫斯基集鱼船 1970 年在顿河（Don River）支流马内奇河（Manyč）河口枢纽开展了试验研究，8 天收集了鲌科、鳊（*Parabramis pekinensis*）、梭鲈（*Sander lucioperca*）等鱼 2.5 万尾。1958 年，美国的下贝克（Lower Baker）坝建成了由拦鱼堰、集鱼和转运设施组成的集运鱼系统，2010 年对其进口及引水设施等进行了优化改造，2011 年完成改建后已取得较好的过鱼效果。中国在 20 世纪 70 年代为解决葛洲坝水利枢纽的过鱼问题，曾开展了集鱼船的相关研究和试验工作。2012 年建成的乌江彭水水电站集运鱼系统是中国首例正式运行的集运鱼系统，该集运鱼系统由集鱼平台、综合运鱼船和辅助设施组成。之后，国内多个水电工程采用了集运鱼系统的过鱼方式。

集运鱼系统的结构及原理。集运鱼系统由集鱼设施、运鱼设施及道路、码头等相关配套设施组成。集鱼设施是集运鱼系统的核心，通常采用人工造流、光、声诱鱼及辅助拦鱼等综合措施诱集鱼类，并通过运鱼车或运鱼船运送至指定位置放流。

集运鱼系统的特点及应用。集运鱼系统的优点是集、放鱼水域可灵活调整、对其他建筑物干扰较少等，缺点是过鱼量较小、转运流程较多、运行成本较高等。集运鱼系统主要适用于中高水头大坝或鱼类需要连续翻越若干个梯级的工程。

6. 其他上行过鱼设施

（1）过鳗设施。专门帮助鳗鲡攀爬翻越大坝，类似梯子的一种过鱼设施。

鳗鲡梯的结构及原理。鳗鲡梯由梯身、攀附材料、补水系统及泄水旁道组成。工作时，泄水旁道在鳗鲡梯下方形成诱导水流，吸引鳗鲡聚集到鳗鲡梯下方，鳗鲡通过身体卷曲在梯身攀附材料上向上攀爬，翻越障碍物到达上游，补水系统可保持梯身及攀附材料的湿润。

鳗鲡梯的特点及应用。鳗鲡梯坡度可以很陡，甚至接近垂直，攀爬材料可以是圆管、塑料草甚至渔网等。由于鳗鲡梯的特殊结构，一般只针对鳗鲡有效。根据过坝鳗鲡种类及大小，如幼鳗、成鳗等，鳗鲡梯的攀附材料及布置又有所不同。

（2）鱼泵。使用鱼泵作为过鱼设施大多处于试验阶段并且仍存在一定争议。鱼泵可以将幼鱼及成鱼从上游转移至下游，也可以从下游转移至上游。由于鱼类可能在管道中受伤，因此不少学者对这种非自然的方法表示反对。但也有一些应用案例，在缅因肯纳贝克河（Maine Ken-nebec River）的爱德华兹（Edwards）大坝上采用鱼泵帮助西鲱（*Clupea sprattus*）成鱼通过大坝；在萨克拉门托河（Sacramento River）的雷德布拉夫（Red Bluff）导流大坝上，也进行了鱼泵的试验工作。

2.2.2　下行过鱼设施

对于下行过鱼设施技术的研究远远落后于上行过鱼设施，其原因一方面是鱼类洄游通道恢复工作的探讨始于上行过鱼设施的建设，另一方面是下行过鱼设施的建设在工艺设计上难度更大，除了欧洲和北美对鲑科鱼类的下行开展了深入研究以外，其他地区对此研究非常少。下行过鱼设施设计的主要挑战是找到合适的方式拦阻鱼类被吸入进水口，诱导这些鱼类通过旁路系统到达下游，主要的拦阻方式包括物理拦阻和行为拦阻。

1. 物理栅栏

为了阻止鱼类通过涡轮机而造成损伤，常用的方法是通过物理方式将鱼类挡在进水口处，并引导至下行旁路中，如图 2.10 所示。物理栅栏关键在于物理栅栏网目的大小、物理栅栏与水流方向的角度及物理栅栏的面积，合适的设计将有利于形成较低流速且无

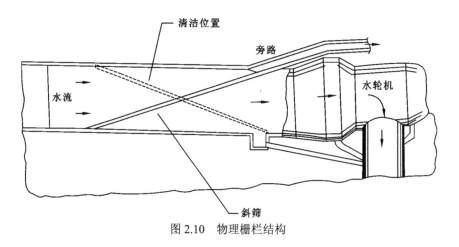

图 2.10　物理栅栏结构

涡轮的水流，以使不同游泳能力的鱼类适应（Larinier and Travade，1999；Day，1995）。物理栅栏可以采用多孔板、金属杆、楔形金属丝、塑料网或金属网等材料制作。

2. 行为栅栏

行为栅栏一般是利用鱼类对各种刺激的自然反应（吸引或排斥）来引导鱼类按指定方向游动，不同于物理障碍，行为栅栏可以很大程度降低进水口的阻塞风险。研究表明，通过调节气泡尺寸密度、声音频率、电场强度和光照强度等，可以对不同尺寸和游泳能力的鱼类产生明显的刺激，但受限于专一性（种类、尺寸、游泳能力）和使用条件（水体浊度、水力学条件），除了电行为栅栏（电赶拦导鱼）得到了一定的应用外，其他方式行为栅栏使用率较低。

3. 旁路系统

在美国东北部和法国，间隔较紧密的普通拦污栅或角钢架与表面旁路（图 2.11）相连接的设计被广泛应用于小水电工程中，这种引导装置可以作为降河洄游鱼类的物理栅栏，其拦阻效率与鱼的体长对间隔之比和鱼对水力条件的响应密切相关。试验表明，旁路系统拦阻效率最高可达 85%（Larinier and Travade，1999）。旁路系统流量是设计的关键，美国和法国现在采用的设计标准要求旁路系统最低流量为涡轮机流量的 2%（Larinier and Travade，1999；Odeh and Orvis，1998），鱼类被充分吸引所需要的旁路流量最好为涡轮机流量的 5%～10%。

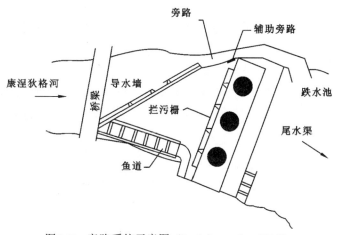

图2.11　旁路系统示意图（Larinier et al.，2002）

2.2.3　过鱼设施辅助设施

为了保证过鱼对象成活率和提高过鱼效率，一系列过鱼设施辅助设施被逐步设计研究出来并得到应用和发展，这些辅助设施包括各种诱集设施、形成行为屏障的物理和化学方式及对大坝和水轮机的优化改进等。辅助设施是过鱼设施的重要组成部分，根据其功能可以主要分为拦导鱼设施、诱鱼设施、其他辅助设施、拦清污设施和观测设施等，相较更为重要的是拦导鱼和诱鱼设施。所有辅助设施的布置需与过鱼设施相结合。

拦导鱼和诱鱼设施通常被设置在过鱼设施的进口处，目的是帮助鱼类发现过鱼设施进口，将分散的游鱼集合起来，提高过鱼效率，应用在下行过鱼设施时还能防止鱼类误入水轮机。常见的拦导鱼设施包括拦鱼坝（堰）、拦鱼网、电栅等，声、光、气、化学元素诱鱼技术也在试验研究中得到应用。

在过鱼季节，可以通过在船闸中设置消能、拦导鱼和诱鱼设施，利用船闸进行过鱼。另外，也可以利用泄流水闸，在过鱼季节调整闸门的开度和启闭速度，控制闸门孔数和位置，形成有利于过鱼的流态，帮助鱼类通过。

对于下行过鱼设施，针对幼鱼的保护和转运问题，可以先将幼鱼从河道水流中引导分离出来，然后安全地输送至下游。下行过鱼设施辅助设施包括拦网、百叶窗式导鱼栅、撇流器和栅网等。将下行鱼类集中到固定地点后进行捕捞和转运，转运方式包括通过旁通管道输送至下游，还可以使用运鱼车或集鱼管进行输送。

2.3 过鱼设施设计要点

2.3.1 选型

过鱼设施并不能完全消除障碍物对鱼类洄游阻隔的影响，国内外无数的实践表明，无论是上行还是下行过鱼设施，无论是鱼道、仿自然通道还是鱼闸、升鱼机，都只能一定程度上缓解障碍物对鱼类洄游的影响，而不能完全消除。

科研人员和工程师能做到的只是深入研究和掌握不同过鱼设施的特点和适应性，针对具体障碍物的特殊性及影响区域的鱼类特性、水文、河道、地形特性，选择适合的过鱼设施类型并进行合理布置。几种过鱼设施的特点比较见表2.1。

表 2.1　几种过鱼设施优缺点比较

驱动力	类别	优点	缺点	应用范围
主动洄游	鱼道 仿自然通道	连续过鱼；鱼类较易适应；过鱼量大	占地较大；水位适应能力弱	中、低水头工程
人工辅助	升鱼机 鱼闸 集运鱼系统	占地小；节省鱼类体力	不易集鱼；过鱼量小；操作复杂；易出现故障；运行维护费用高	中、高水头工程

在选择过鱼设施类型前，要清楚过鱼设施的主要过鱼对象和过鱼目标。

对于鳟科等典型洄游鱼类，过鱼设施的主要目的是帮助鱼类尽可能多并及时通过，要求是尽可能把更多的鱼类吸引至进口，减少鱼类在坝下滞留时间。

而对于鲤等淡水鱼类，过鱼设施的目的是恢复河道的纵向连通性，即沟通上、下游的鱼群交流，避免种群隔离。此情况下，过鱼设施更多的注意力是放在鱼类在过鱼设施中的"舒适度"上（低流速，低紊流度），而不是放在如何把鱼吸引至过鱼设施中（过鱼设施的大流量）。

以下几点将有助于我们根据特定环境选择最合适的过鱼设施类型。

（1）如果障碍物水头不是很高，应优先选择鱼类主动洄游类的鱼道或仿自然通道，因为这两种过鱼设施能够连续过鱼，过鱼量较大，而且过鱼过程中人为干预较少，鱼类较容易适应。其中仿自然通道中各种流态及流速均有分布，适合多种类及多规格的鱼类通过，但通常由于其规模较大，坡度较缓，占地较大，因此更适合水头较小的工程使用。

（2）对于高水头工程，升鱼机、鱼闸及集运鱼系统比传统型过鱼设施更为经济实惠、简便易行。鱼闸最主要的缺点是它操作的间断性。但是，如果水坝的高度比较适中，并且限于水坝的设计而无法安装修建传统型过鱼设施的时候，鱼闸则是适合的选择。相较于其他方式，升鱼机技术发展更加成熟。升鱼机的有效性与网箱筛眼的大小密切相关，筛眼必须比较小，不能把鱼漏出去。对于体型非常小的鱼，使用升鱼机会遇到问题，因为这些鱼类需要筛孔非常小的筛子，而这种筛子需要特别保养。因为升鱼机和鱼闸相对复杂（有自动设施和活动件，如水闸、水箱、筛子），所以它们经常会发生故障。又因为它们的维护费标准比其他类型过鱼设施的维护费高，所以在法国更多使用"静态型"鱼道（即没有活动件的鱼道）。虽然从土木建筑的角度上看"静态型"鱼道比较昂贵，但是它们更容易维修，也更可靠。

（3）上下游水位变化非常明显的工程，适合选用竖缝式鱼道。出于对鲑科等体型比较大的洄游鱼类考虑，最小的竖缝至少需要通过 $0.75\ m^3/s$ 的流量。一般来说，除非是作为上游水位变化明显的鱼道上端的调节部分，否则带潜孔的水池型鱼道价值不大。竖缝式鱼道缺点为容易拦截漂浮在水池表面上的垃圾（木块、瓶子和塑料等）。水池过深可能会淤积粗泥沙，所以最好不要在河床物质容易被大量冲刷掉的河道中建竖缝式鱼道。应保证水池之间的连接能直达到底部（竖缝或潜孔），从而便于清除这些物质。

（4）底坎式鱼道对鱼类的游泳能力要求比较高，只适用于游泳速度及耐力非常强的鱼类[鲑科、海鳟（*Salmo truttamorpha trutta*）、日本七鳃鳗（*Lampetra japonica*）等]。通常，这种鱼道不适合长度小于 30 cm 的鱼。虽然曾经引导过鲱科使用隔板型鱼道，但是据观察，鲱科无法适应此类型鱼道所特有的螺旋状水流。此外，鲱科不喜欢使用底坎式鱼道，可能是水流的湍流度造成的。底坎式鱼道非常适用于水流量每秒钟仅为几百升的小型河道。它还适用于斜坡坝后有防冲护坦的，比较低的旧拦河坝或者是磨坊水坝。如果水利设施的高度比较高，那么这种类型的过鱼设施就不适用了。底坎式鱼道通常不适用于河床材质粗糙的水道，因为在这样的水道中，大块的石头或鹅卵石很容易被卡在挡板之间，导致鱼道失效甚至无法正常运作。然而，底坎式鱼道的水流模式具有冲刷作用，可以清除淤泥、沙子和小石子。

2.3.2 影响过鱼效果的因素

（1）进口的可发现性。众多研究表明，鱼类能否顺利找到进口是过鱼设施成功与否的关键因素。因此，过鱼设施进口必须易于鱼类发现并顺利进入。

（2）水力条件。过大的流速、不良的流态、过大的紊动，甚至过小的流速都可能阻碍鱼类的通过。

（3）鱼类行为特性。过鱼设施的结构及水力学条件必须符合鱼类的行为特性，进口必须符合鱼类的趋流特性，而内部的水流条件也必须满足鱼类游泳能力。

（4）环境因素。除了水力学条件，水温、水质、溶解氧、光照等环境因子也对过鱼效果造成影响。

（5）外界干扰。除了过鱼设施本身的设计因素，来自人为或者外界干扰也影响过鱼设施的最终效果。过鱼设施应尽量减少人为及噪声干扰，减少过鱼设施附近的施工及交通通行。同时应严禁在过鱼设施内及进出口附近捕鱼，也应对鸟类、熊等鱼类捕食者进行有效防护，避免过鱼设施成为鱼类的被捕食场所。

（6）过鱼设施的管理和维护。不良的管理和维护是造成过鱼设施运行效果不佳的一个重要原因。鱼闸、升鱼机和集运鱼系统的机械部件较为复杂，需要频繁地检修和维护。传统的过鱼设施也需要进行维护，在洪水期过后，鱼道或仿自然通道内通常会存在大量淤泥、树枝等，造成阻塞。因此，需要经常对它们进行清理。

2.3.3 进口布置

只有鱼类能够迅速找到进口时，过鱼设施才能发挥作用，其中进口布设始终是鱼道设计的重中之重和技术难题，现代鱼道失败案例很多被归咎为鱼类找不到进口或进入进口难度大（Williams et al., 2012）。相比于障碍物的宽度，过鱼设施的进口是非常窄的，仅占大坝宽度的 1%左右，二维平面上的体量相当于"针眼"，相对主流的竞争性弱，其通过的水流流量也只占河道总流量的很小一部分，鱼类难以有效感知。为解决这一问题，合理选择鱼道进口位置、增加诱鱼水流是提高进鱼率的两个主攻方向。

国外过鱼设施建设历程较长，在相关技术导则和专著中，对过鱼设施进口位置选择进行了总结，提出过鱼设施进口前的水域，应避免有乱流、回流和静水，这些水流状态会让鱼类难以找到进口。洄游障碍物的结构各不相同，科研人员和工程师应详细观察和记录鱼类在障碍物处的行为，分析它们的洄游路线、聚集点及它们试图越过障碍物时选择的位置等，这些重要信息可以帮助确定鱼道进口的布置。就上行过鱼设施的鱼道设计而言，从鱼类行为学出发，鉴于鱼类有沿河岸洄游、偏向低流速、尽力向上游洄游等行为特点，同时考虑障碍物下游河床的地形因素，过鱼设施进口应尽量布置在河道的一侧靠近障碍物的地方。如果障碍物与水流方向成直角，进口应布置在靠近障碍物的一侧河岸，如果障碍物过宽，则应该在两侧都布置进口。如果障碍物是斜向、呈拱形（弧形）或人字形，则进口应优先选择布置在位于河流正中间的位置，但这样的布置可能会导致维护（观察、监控和维修）困难。详见图 2.12、2.13。

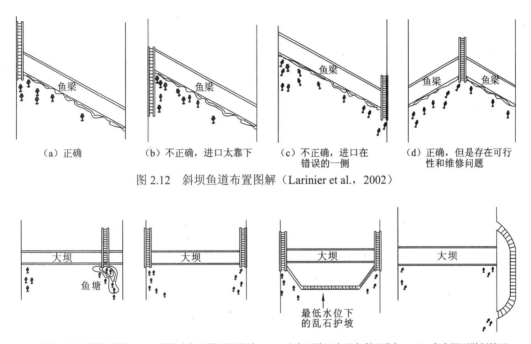

（a）正确　　（b）不正确，进口太靠下　　（c）不正确，进口在错误的一侧　　（d）正确，但是存在可行性和维修问题

图 2.12　斜坝鱼道布置图解（Larinier et al.，2002）

（a）紧临大坝下游侧岸边　（b）紧临大坝下游两侧岸边　（c）改变下游河床形态利于进鱼　（d）离大坝下游侧较远

图 2.13　与水流方向垂直的大坝上鱼道布置图解（Larinier et al.，2002）

为了尽可能提升鱼类被吸引的概率，除了进口位置的选择，国外相关技术导则也提出结合现场情况进行一些辅助设计是非常必要的。如在进口一侧设置乱石护坡，制造水位较深的通道对鱼类进行吸引，或者在过鱼季节加大过鱼设施过水流量，再辅以前文提到的声、光、气等手段进行诱导。如果障碍物是坝式水电站，所有的水都经由水轮机排出，这会对洄游鱼类形成吸引，过鱼设施进口布置在水轮机附近将提升过鱼效果。如果是多台水轮机的大型水电站，可以在水轮机尾水管前方安装带有若干入口的集鱼槽来收集所有聚集的鱼类。如果障碍物是引水式水电站，需对洄游季节大坝泄洪水流和发电水流做出详细的分析，必要情况下可以布置两条相互独立的鱼道。除了过鱼设施的进口，过鱼设施的出口在布置时也应注意不应布置在溢洪道、拦河坝或者水闸等水流很急的地方，因为鱼类很有可能在这些地方被冲回下游。过鱼设施出口也不能在静水区或者回流区，这些地方可能会把鱼困住，应选择在近岸水流速度适中的区域。过鱼设施不能安装在有自然淤塞和沉积物的地方，尤其不能安装在拐弯处的内角，详见图 2.14。

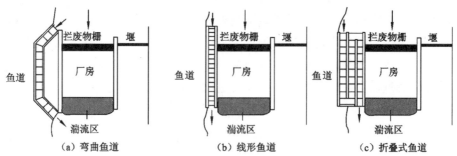

图 2.14　鱼道布置的三种基本方法（Food and Agriculture Organization，2002）

　　我国设计规范也参照了上述定性规定或建议，实际工程设计大多将进口布置在水电站尾水旁侧（如长洲鱼道、安谷鱼道和兴隆鱼道等）。但由于技术条件和实际探测存在困难，能选取直接依据的坝下鱼类洄游路线和聚集区资料较少。除此之外，单纯的布置在主流旁侧也被发现存在一定的问题，例如，通过观测长洲鱼道可明显看到大部分鱼沿着鱼道外侧壁上溯，对进口"熟视无睹"。小尺寸、小流量的鱼道进口相对于旁侧主流的"存在感"低，竞争力不强，进鱼效果受限。

　　针对这些问题，在进口出流的基础上附加一部分诱鱼水流，是提高诱鱼率的主要工程手段。国外相关技术导则指出，总诱鱼水流（进口出流+附加诱鱼水流）的竞争性主要取决于动量（动量=射流速度×单位时间的水体质量），动量越大，射入水电站尾水产生的影响越广，被鱼类感知到的概率就越大。其中，射流速度应尽量落在鱼类趋流速度范围内（International Commission for the Protection of the Danube River，2012；Pavlov，1989），但鱼类的趋避速度研究成果并不多见，尤其针对非鲑科的研究成果较少。在附加诱鱼水流流量方面，水利水电枢纽工程的用水配比兼顾各方效益（供水、灌溉、航运和发电等），诱鱼水流需经合理论证和统筹考虑（Gisen et al.，2017）。国外认为诱鱼水流流量至少应占工程整体出流流量的 1%（Larinier et al.，2002），很多工程甚至将吸引流占比扩大至 10%。我国过鱼设施诱鱼水流流量占比（大多低于 1%）低于国外水平（蔡露 等，2020），技术规范中也无诱鱼水流的流量、流速值建议，亟待开展广泛而深入的研究。

2.3.4　进口流态设计

　　Castro-Santos 等（2009）将鱼类进入过鱼设施分为两个步骤：一是被引导至进口处；二是成功进入进口。鱼类被诱鱼水流吸引至进口区后，适宜的流态才能使鱼类成功上溯。

　　鱼类在内在生态需求的推动下，通过感知周身的水温、底质、透明度和水力学等因子洄游寻找适宜栖息地。其中，水流流速、紊动条件（主要包括流速梯度、涡运动等）等被认为是主要的水力驱动因子，鱼类通过侧线和视觉对这些因子的信息进行捕捉（Liao，2007），判别并制定游动策略（Scruton et al.，2007）。鱼类的生态需求和生活环境导致不同种类鱼对水力因子的偏好不同，同一种鱼在各生活史阶段的趋向也不同。摄食漂浮性饵料的鱼类，趋向于紊动较大的水流，因为这样的水流条件一般位于急缓流交界处，可以以较小的能量消耗，摄食到大流速水流带来的丰沛漂浮饵料；而摄食底栖生物和着生藻类的短须裂腹鱼（*Schizothorax wangchiachii*），趋向于适宜流速，对流速梯度（在不影响着生藻类定殖的范围内变化时）无响应，同其饵料生物的生活环境相一致；产漂流性卵鱼类趋向于寻找有涡水流，以在繁殖时借助旋涡促进精卵的掺混强度，提高鱼卵受精率，增加受精卵的分散度；长距离洄游至出生地产卵的鲑科，则通常被观测到沿大流速梯度水域（沿岸带或水底）上溯，可在节省能量的同时始终追随河流主流，避免因误入支流而无法回溯至产卵地。之后，孵化出来的幼鲑科选择被大流速水流挟带下行，此过程尽量避开流速梯度大的区域，以便幼鱼顺利入海。

　　在工程实践中，诱鱼水流特征多为足够的出流流量、适宜的流速。传统的诱鱼水流主要采用从坝上接引水管、在下游建泵站等方式增加出流流量，如加拿大费尔福德大坝（Fairford Dam）鱼道、我国雅口鱼道等。但对于水利水电枢纽尤其是大型工程，诱鱼水流耗费流量不容小觑，尤其是国外吸引流常达到 $10\ m^3$、$100\ m^3$ 数量级，直接影响到枢纽运行效益。为此，国外在增加吸引流方面有一些有益探索：如建生态机组提供吸引流、将水电站尾水导至进口水域等。莱茵河（Rhine）河上的伊菲兹海姆（Iffezheim）鱼道出流约为水 $1.2\ m^3/s$，该鱼道专门安装一台 $11.8\ m^3/s$ 流量的生态机组汇入鱼道进口汇合池用作吸引流，生态机组不仅可发电，还可将上游水流消能至适宜流速后再泄入进口汇合池（International Commission for the Protection of the Danube River，2012）；美国库什曼大坝（Cushman Dam），在升鱼机旁侧设一台生态机组，尾水全部用作吸引水流；加拿大邓韦根（Dunvegan）水电站鱼道将临近的水电站尾水采用导流方式导入鱼道进口作为诱鱼水流（Katopodis and Williams，2012）。除此之外，国内为提升进鱼效率，多座鱼道设有厂坝集鱼系统（洋塘鱼道、崔家营鱼道、兴隆鱼道等），主要结构为在尾水管上部加设多个进鱼孔，增加诱鱼水流的总出流流量和出流面积。洋塘鱼道 40.74% 的上溯个体是通过厂坝集鱼系统上溯的，证明了进口数量及流量增加的有益效果。

　　诱鱼流速方面，International Commission for the Protection of the Danube River（2012）指出有效的竞争性水流流速应比周围出流高，但不应超过目标鱼类的克流能力。Pavlov（1989）认为诱鱼流速应大于鱼类的感应流速，小于鱼类的临界游泳速度，且最好在 0.6~0.8 倍的临界游泳速度范围内。蔡露等（2018）通过流速选择试验，得出 0.349 m 体长的鲈鲤趋向流速为 0.2 m/s。Lindmark 和 Gustavsson（2008）开发了一种诱鱼水槽结构，通过旋桨将诱鱼流速较周围水域提高 38%。穆祥鹏等（2016）发明了一种诱导草鱼的鱼道进口系统，在鱼道和主河道之间设置一条平行于鱼道的诱鱼水流通道，其鱼道进口流速为基于试验得到的最佳诱鱼流速 0.3 m/s，旁侧诱鱼通道出水口流速设为鱼道出水流速的 2.3 倍。

2.4　过鱼设施运行与管理

2.4.1　过鱼期工程调度

过鱼期工程调度是过鱼设施运行成败的关键，应根据工程类型、规模、调度运行情况、水生生境特征、水生生态环境、过鱼对象习性行为及洄游情况等，确定运行管理方式。

1. 鱼道和仿自然通道

鱼道和仿自然通道结构类似，包括进口、出口和水槽（仿自然河流），其调度运行方式分为常规运行、控制运行和交替运行三种。

常规运行。在过鱼季节，过鱼设施上下游闸门全部开启，过鱼设施内流量、水位和流速都不受闸门控制，适用的过鱼对象主要为亚成鱼和成鱼。

控制运行。在过鱼季节初期下游水位较低的情况下，将过鱼设施进口闸门控制在一定的开度，上游闸门保持全开，这样可以保护幼鱼等特定的过鱼对象。

交替运行是交替使用常规运行和控制运行两种方式。

过鱼设施内部不同部位也可以通过补水和闸门控制等措施，营造不同水流条件，以利于过鱼对象发现和通过过鱼设施。

2. 鱼闸

鱼闸的运行与船闸相似，可以分为诱鱼、充水、出鱼和排空四个步骤。

诱鱼：上、下游闸门打开，水流经上游闸门控制进入从下闸门流出，形成吸引水流，把鱼吸引至下闸室。

充水：在吸引一段时间后，下游闸门关闭，鱼闸充水至与上游水位齐平。

出鱼：让鱼游入或用驱鱼栅驱入上游。

排空：在一定时间后，关闭上游闸门，鱼闸内水通过旁路系统排空。

鱼闸的有效性主要取决于两方面：鱼闸入口吸引鱼类的能力和鱼类在鱼闸内的行为。诱鱼能力又取决于进口的位置和水流条件。当水流过鱼闸时，流量一般被限制在 $1 \, \mathrm{m^3/s}$ 之内，因此必须提供旁路补水系统。当下游水位发生变化时，为了让入口处的水流保持一定的流速，除了旁路系统补水外，还应同时调节下游闸门。

在整个诱鱼阶段要确保鱼类停留在下游池室中，并在充水阶段随水位上升，在鱼闸内水排空前鱼类能离开闸室到上游去。为此，必须保证在吸引阶段持续过程中，下游贮留池中的流速及湍流条件适合鱼类。同时，为了避免过度扰动和夹入空气，鱼闸不应填充得过快，因为这些因素会让鱼停留在下闸室。最后，为了防止在排空鱼闸时，鱼被带回下游，鱼必须有充足的时间离开鱼闸。

3. 升鱼机

升鱼机的运行方式包括诱鱼、提升和出鱼三个步骤。

诱鱼：通过导鱼栅、诱鱼水流或其他设施将鱼诱导进入集鱼箱。

提升：通过导轨提升集鱼箱到坝顶。

出鱼：转运集鱼箱到上游安全水域投放。

升鱼机有两种类型，选择何种类型主要依据目标鱼类的数量和种类。集成罐式升鱼机一般适合体质强壮、在同一时间到达数量较少的鱼类，如大型洄游鲑科等，拥有集鱼设施和大型控制水池的升鱼机适合一次到达数量较多、且体质相对纤弱的鱼类，如鲱科等。

2.4.2　过鱼设施的管理对策

（1）开展过鱼设施建设管理的立法和政策制定工作，加大过鱼设施建设工作的法律保障力度。我国过鱼设施建设管理相关的法律法规制度十分不完善，除国务院颁发的《中国水生生物资源养护行动纲要》和原国家环境保护总局颁发的《水电水利建设项目河道生态用水、低温水和过鱼设施环境影响评价技术指南（试行）》外，目前还没有其他相关法律法规对过鱼设施建设管理进行专门的规定。针对目前我国鱼类洄游通道恢复工作存在的主要问题，应抓紧制定过鱼设施建设管理方面的法规，形成完善的鱼类洄游通道法律法规体系。

（2）开展流域阻碍鱼类洄游的障碍物调查和影响评价，制定流域过鱼设施建设规划。开展河流流域阻碍鱼类洄游的障碍物类型、规模、位置、工程特性、地理气候状况、水环境指标、社会经济指标、鱼类区系组成、受影响鱼种类、影响程度等的调查，建立基于地理信息系统（geographical information system，GIS）技术的流域障碍物空间信息库和鱼类生态信息库，并在此基础上制定全流域性的过鱼设施建设规划，确定流域过鱼设施建设的目标和优先水域。

（3）探索建立和完善多元化投入机制。过鱼设施建设管理工作是一项社会公益性事业，要积极改革和探索在市场经济条件下的政府投入、银行贷款、企业资金、个人捐助、国外投资、国际援助等多元化投入机制，为过鱼设施建设管理工作提供资金保障。建立健全水利水电开发活动的生态补偿机制。按照谁开发谁保护、谁受益谁补偿、谁损害谁修复的原则，河流开发利用者应依法交纳环境破坏费用，专项用于过鱼设施建设管理工作，或者采取必要的修复补偿措施，恢复鱼类洄游通道。

（4）加强过鱼设施建设管理研究能力建设，建立科学的技术支撑体系。过鱼设施建设管理是一项极其复杂的系统工程，涉及水利、生态、生物、环境、地理、水文等众多学科，因此，应建立跨学科的技术合作机制，实行联合攻关，及时解决技术难题。应加大对过鱼设施建设管理研究方面的科研投入，加强基础设施建设，整合现有科研教学资源，建立高水平过鱼设施建设管理研究机构和技术交流平台，培养过鱼设施建设管理的专门人才。与有关国际组织、外国政府、非政府组织和民间团体等在人员、技术、资金、管理等方面建立广泛的联系和沟通，学习借鉴国外先进的建设管理经验，拓宽视野，创新理念，把握趋势，不断提升我国过鱼设施建设管理设计水平。

（5）开展过鱼设施建设管理关键技术研究。应重点开展鱼类生态调查和鱼类行为特性评估，过鱼地点的确定及过鱼设施的选择，过鱼设施工程设计参数确定（设计运行水位和设计流速、进口的布置、设施的主要尺寸、出口结构、过鱼设施的附属设备），过鱼试验及过鱼效果监测评价等方面的技术攻关工作。

（6）重视河流过鱼设施建设管理效果的监测与评估工作。过鱼效果监测与评估是河流过鱼设施建设管理设计技术进步的前提。应在已建过鱼设施中开展过鱼效果监测与评估工作，建立监测与评估数据库，实现数据共享。

（7）开展信息交流和公众教育，积极营造全社会参与的良好氛围。过鱼设施建设管理是一项社会性的系统工程，需要社会各界的广泛支持和共同努力。要通过各种形式和途径，加大相关法律法规及基本知识的宣传教育力度，广泛普及知识，提高社会各界的认知程度，增进公众对过鱼设施建设管理的了解、关注和支持，为过鱼设施建设管理工作创造良好的社会氛围。

2.5　过鱼效果监测与评估

2.5.1　过鱼效果监测与评估目的

鱼道等过鱼设施在投入使用后，通常可能由于设计或对鱼类生物学认识不够全面的原因，难以达到预期的效果，因而有必要在过鱼设施运行过程中进行监测与评估。通过对鱼道的监测与评估，一方面可以了解鱼道本身对鱼类增补的作用，另一方面可以通过监测与评估了解鱼道的不足，从而调整鱼道的运行模式。此外，鱼道过鱼效果监测与评估还可以为鱼道的设计提供直接的案例基础，为鱼道设计提供实例参数。

2.5.2　过鱼效果监测与评估概况

有关上行过鱼设施过鱼效果监测与评估的记载最早出现在 *Die Anlage der Fischwege*（《鱼道系统》）中。Grhardt 于 1912 年开始了过鱼设施实地调查和评估工作，因两次世界大战中断。北美地区在 20 世纪 60 年代再次开始了过鱼效果监测与评估研究（Cada，1998）；而澳洲、南美和欧洲地区的相关监测与评估研究工作则出现在 20 世纪 80 年代初或后半期，其中有超过 2/3 的调查研究集中于 20 世纪 50~60 年代后的新建或改造设施（Thorncraft and Harris，2000）。以澳大利亚为例，截至 2000 年在新南威尔士州进行的 17 座过鱼设施过鱼效果监测与评估，全部来自 1985 年后新建的 26 座过鱼设施。在国内，20 世纪 60~80 年代建设的过鱼设施拥有监测调查记录的有 4 个，分别为江苏斗龙港鱼道（1966~1968

年）、江苏太平闸鱼道（1975 年）、安徽裕溪闸鱼道（1974 年）和湖南洋塘鱼道（1980～1982 年）等（Cada，1998）；2000 年以后新建设施中，目前有湖北汉江崔家营水利枢纽鱼道及广西梧州珠江长洲水利枢纽鱼道等 5 座鱼道拥有正式发表的监测成果（祁昌军 等，2017）。此外，根据生态环境部环境工程评估中心统计，目前有湖北汉江兴隆水利枢纽鱼道、大渡河安谷水电站鱼道、大渡河枕头坝一级水电站鱼道、雅鲁藏布江藏木水电站鱼道及乌江彭水水电站集运鱼系统 5 座过鱼设施已开展相应的过鱼效果监测与评估研究。

整体上，相对于过鱼设施建设数量而言，全球范围内拥有过鱼效果监测与评估的过鱼设施数量少（Zarfl et al.，2015），占比较低。造成该现象的原因有多方面，首先，大量过鱼设施因建设后未进行评估或投入运行后过鱼效果不理想而没有监测资料，以 20 世纪 50 年代以前建设的过鱼设施居多。其次，国外过鱼设施的监测与评估结果大部分仅上报职能政府部门或决策层，用于当地渔业资源的管理，大量资料并未对外公开或发表（Roscoe and Hinch，2010）。此外，由于国外大量废弃小水电站的拆坝运动与过鱼设施过鱼效果监测与评估时间基本重合，相应的过鱼设施一同被拆除导致没有监测资料（Kemp and O'hanley，2010；Garcia，2008）。在国内，20 世纪 80 年代否定过鱼设施有效性的理念直接导致了相关工作的终止（Chen et al.，2014），因而在 21 世纪前后的 30 年内没有过鱼设施过鱼效果监测与评估研究记录。

2.5.3　过鱼效果监测与评估的指标、方法

1. 理念技术发展

早期过鱼设施的建设仅针对具有强烈洄游需求的鲑形目鱼类，监测与评估研究也是调查该鱼类在鱼道中出现情况、过鱼数量及行为特性等。对此，鱼道鱼种类检测和计数方法，如张网法、堵截法、电鱼法、标记法、摄像技术等，广泛应用于过鱼设施过鱼效果监测与评估。由于对鱼道过鱼数量的关注，开始了新技术的研发和应用。如 20 世纪 70 年代，英国农渔及食品部开展了根据水和鱼体之间电导率的差异来进行电阻计数器的研发工作。同时，新兴的监测技术也被广泛应用于鱼道的监测，如 20 世纪 90 年代开发的基于分裂波束技术的渔业声学探测设备（Cooke and Hinch，2013；Banneheka，et al.，1995），2000 年后的双频识别声呐（Groteann，2014）及红外摄像技术（Baumgartner et al.，2012）等。

上世纪 80 年代以来，相关学者意识到鱼道中或鱼道出口统计的鱼类并不能说明鱼道的鱼类的通过性。鱼道的过鱼效果取决于鱼道进口的吸引效果及鱼道池室的可通过性。鱼道运行过程中的水力学条件、运行工况、水情、时间及设施的机械参数等多重非生物因素均对过鱼设施的过鱼效果产生影响（Kroes et al.，2006）。鱼道的过鱼效果被重新定义为坝下江段的目标种类能够容易被吸引至鱼道进口，经由鱼道池室上行至上游目标水域，在此过程中鱼类不会因鱼道的设计和运行问题而产生洄游时间延迟（Larinier，2008）。同时鱼道作为鱼类的洄游通道，对目标种类不应具有能长时间滞留或栖息地的功能

（Kroes et al.，2006）。为此，相关学者开始了针对鱼类洄游轨迹、游动能力的研究，并将超声波遥测、无线电跟踪及无线射频标记（passive integrated transponder，PIT）应用于鱼类通过行为的全过程研究（Matter and Sandford，2003）。

在 2000 年以后，随着过鱼设施的作用理念的进一步变化及监测技术的不断发展，过鱼设施为洄游鱼类提供洄游通道的理念提升到了满足阻隔位置具有上行需求的所有种类。同时，过鱼设施也是阻隔江段上下游水生生物基因交流或构建河流连通性的重要通道（Kemp et al.，2016）。过鱼设施的监测与评估研究不再局限于传统的目标种类（如鲑形目鱼类等），相应的监测与评估内容也被重新定义，从而重视了非鲑形目鱼类的过鱼效果研究（Thiem et al.，2013）。同时，过鱼设施作为沟通上下游的重要通道，最终目标为确保具有需求的鱼类可以通过水工建筑物，到达上游产卵场并完成生活史。描述过鱼设施对流域范围内大坝阻隔的减缓程度，尤其是河流梯级开发背景下过鱼设施对鱼类上行洄游的辅助作用与效果，也逐步得到关注和研究（Tripp et al.，2015）。

2. 监测与评估指标

当前，过鱼设施主要从定性和定量两个方面进行监测与评估研究。监测与评估指标有 2 个，分别为鱼道有效性和过鱼效率。然而，由于过鱼效果的监测与评估因理念、目标、技术方法等的年代差异，上述两个指标定义一直不明确。Larinier（2008）对这两个概念从定性和定量角度做出的明确定义，相应的定义如下。

（1）鱼道有效性为过鱼效果的定性评估指标。定义为鱼类洄游季节内，基于对鱼道等过鱼设施特定运行条件下的过鱼种类、数量、规格、发育期（生活史阶段，性成熟/未成熟等）及行为（如昼夜规律，不同种类的过鱼时间、过鱼的工况等）的监测，通过对比分析过鱼设施内与坝下江段鱼类需求目标与现存量情况，定性描述过鱼设施对鱼类增殖的潜在效果。

（2）过鱼效率为过鱼效果的定量评估指标。定义为基于过鱼设施上行的鱼类种类及数量，与特定时期（如洄游季节）坝下江段具有过坝需求的鱼类种类及数量之比。然而，由于当前的技术方法无法量化特定时期内坝下江段具有过坝需求的种类及数量。为便于过鱼效率的监测和统计，有关研究对过鱼效率做了进一步的限定（狭义过鱼效率），具体为基于目标种类的标记放流等技术手段，获得的通过鱼道上行的过鱼数量占放流于坝下江段的总鱼类数量的百分比。对鱼道而言，狭义过鱼效率一般又分为入口效率和池室通过效率（Moser et al.，2002）。

3. 监测与评估方法

进行过鱼效果监测与评估过程中，需同步进行过鱼设施运行的非生物因素和生物因素的监测或调查，明确鱼道过鱼效果的特定条件或环境背景。当前用于生物因素监测与评估方法又分为直接法和间接法（Lucas and Baras，2000）。其中直接方法有张网法、堵截法、标记法等；间接法有电阻计数、光学摄像计数、红外摄像计数、渔业声学法、标记遥测法（PIT、超声波、无线电）等。非生物因素监测内容包括对鱼道机械参数、鱼道运行水情及水力学参数等的监测与评估。这些监测与评估方法在鱼道中的应用均存在一定的优缺点，目前尚没有用来进行鱼道过鱼效果研究（如有效性或过鱼效率）的通用方法。

直接法作为获取鱼道内种类规格等存在性的主要方法之一，在早期的鱼道监测与评估中被广泛应用。间接法用于定点位置鱼类数量计数、过鱼时间及行为的研究，其中光学摄像广泛应用于鱼道观察室及升鱼机等的过鱼数量观测。20 世纪 70 年代开发的电阻计数器曾一度作为过鱼设施监测的重要推荐方式，在大型流域（哥伦比亚河流域）得到安装和试用。然而，因抗干扰能力弱、实时计数人力资源投入大等原因逐步被弃用。渔业声学有分裂波束式鱼探仪和双频识别声呐方法，两者理论上均可实现探测波束内过鱼规格的监控、数量的计数、游动轨迹跟踪等（蔡露 等，2018）。红外摄像为近年来出现的新技术，在不需要光源的条件下获得与光学摄像类似的数据。上述间接方法由于无法实现探测断面的全覆盖，导致鱼类计数过程中无法获得过鱼数量的绝对值，仅能获得实时相对值（如尾次）的统计（Tao et al.，2015）。

标记遥测法为当前过鱼效率监测与评估的主要方法，该方法在鱼类洄游路径、行为等方面已经历了 40 多年的发展。由于各类技术原理的限制导致适用性有一定的差异，超声波和无线电遥测多用于坝址上下游的鱼类行为的监测，但受限于标记内电池的使用寿命。PIT 多用于鱼道内的鱼类通过性的监测。PIT 为无电源标记，使用寿命没有年限限制，但是对环境电磁的抗干扰性较弱。采用超声波（或无线电）遥测和 PIT 的联合应用可获得鱼道进口对鱼类的吸引效果，经由鱼道上行的数量及比例，上行至上游目标产卵场的数量等，同时也可对鱼类的通过行为及过鱼时间进行细致研究（Landsman et al.，2017）。此外，三种方法由于均需要进行鱼类标记的植入，标记鱼成活率是影响监测结果的一个重要因素（Ovidio et al.，2017）。

过鱼设施建设、运行的非生物因素为过鱼效果的前提条件，在进行过鱼效果评估过程中需要考虑过鱼设施运行的非生物因素。其中过鱼设施的机械参数、运行工况和水情等因素通过人工现场观测或资料收集方式进行。鱼道水力学条件需根据现场监测和数值模拟的方式进行。

2.5.4　典型鱼道过鱼效果监测与评估

1. 汉江兴隆鱼道

兴隆水利枢纽位于汉江下游潜江市和天门市境内，上距丹江口枢纽 378.3 km，下距河口 273.7 km，是南水北调中线汉江中下游四项治理工程之一，同时也是汉江中下游水资源综合开发利用的一项重要工程。兴隆水利枢纽由拦河水闸、船闸、水电站厂房、鱼道、两岸滩地过流段及其上部的连接交通桥等建筑物组成。

鱼道设计整体上仿制湖南洣水的洋塘鱼道，主要建筑物有鱼道主体结构（鱼道进口、过鱼池、鱼道出口）、厂房集鱼系统及补水系统等。鱼道紧靠水电站厂房右侧布置，进口位于水电站厂房尾水渠右侧，鱼道平面布置采用整体式"U"形结构，布置在水电站厂房和船闸之间，全长约为 399.43 m。为了使水电站厂房下游分布的鱼类可以找到并进入鱼道进口，在水电站厂房下游加设厂房集鱼系统，通过对该集鱼系统侧向补水，形成一个横向的流速，引导厂房下游的鱼类进入鱼道进口。

　　鱼道剖面结构为横隔板式，鱼道共有 117 个过鱼池室，106 个过鱼池，11 个休息室池。过鱼池净宽 2.0 m，长 2.6 m，底坡 1.0%，每间隔 10 个过鱼池设置一个长 4.88～5.2 m 的平底休息池[图 2.15（a）]。

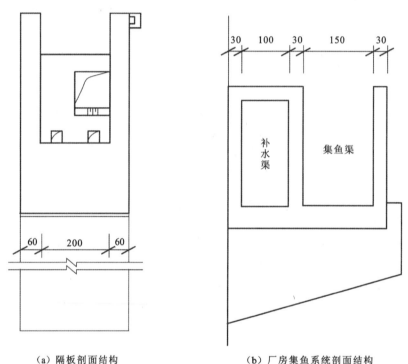

（a）隔板剖面结构　　　　　　　　　　　　（b）厂房集鱼系统剖面结构

图 2.15　鱼道结构剖面布置图（单位：cm）

　　厂房集鱼系统主要由集鱼渠和进鱼孔组成，集鱼补水渠平行坝轴线，通过挑梁悬挑布置在水电站尾水平台上[图 2.15（b）]。集鱼渠为"U"形结构，宽 1.5 m；补水渠为箱型结构，宽 1.0 m，顶板 30 cm。在每个尾水管出口上设 2 个进鱼孔，共 16 个，尺寸为1.0 m×1.0 m，孔底高程错落布置以适应下游水位的变化。

　　兴隆水利枢纽的过鱼目标主要为洄游鱼类，如鳗鲡等，和半洄游鱼类，如四大家鱼（青鱼、草鱼、鲢、鳙）及铜鱼、鳡（*Elopichthys bambusa*）等。结合这些鱼类的游泳能力情况，鱼道的设计流速控制范围为 0.4～0.8 m/s。

　　鱼道的过鱼季节限定在 5～8 月份，即汉江的枯水季节。洪水季节，兴隆水利枢纽为保证枢纽安全，采取敞泄方法进行泄水，同时设计论证认为在敞泄期间，上下游水位落差小，鱼类可以直接通过泄水闸进行洄游，从而完成生活史。

　　根据 2015 年和 2016 年 4 个批次的监测结果，当下游水位基本满足设计要求时，鱼道进口对鱼类有一定的吸引效果，PIT 标记结果显示，标记试验鱼在进口位置能够进入鱼道并上行。对鲤、草鱼、翘嘴鲌（*Culter alburnus*）和鳊的效率为 22.22%～100%。在下游运行水位稍高于或基本满足设计要求的条件下，鱼道池室流速沿程分布梯度较小，未见明显的急剧递增或递减现象。同时，PIT 标记跟踪验证了进入鱼道的部分试验鱼通过鱼道池室段上行至鱼道出口段的位置。结合出口位置鱼探仪定点监测结果、PIT 标记跟踪结果和截网鱼类取样结果等，兴隆鱼道出口位置为鱼类聚集提供了条件，同时通过鱼道池室的鱼类可以通过鱼道最后一个隔板达到出口。

2. 安谷水电站鱼道

安谷水电站是大渡河干流梯级开发的最后一级，坝址位于四川省乐山市沙湾区安谷镇泊滩村，目前修建完成了两座鱼道（竖缝式鱼道和仿自然通道各 1 座）。竖缝式鱼道全长 289.0 m，坡度约 1.5%，鱼道宽度为 2.5 m，鱼道设计运行水深 1.14～1.79 m；每级鱼道水池长度 3.2 m，相邻鱼道水池水头落差约为 0.038 m，竖缝宽度 0.30 m，竖缝处最大流速约为 0.86 m/s。鱼道内设置隔板和导板。在竖缝式鱼道进口设置闸门，以便控制运行和检修。

仿自然通道全长 638.50 m，坡度为 0.3%～1.0%，采用梯形断面形式，底宽 4.0～50.0 m，岸坡为 1:1～1:1.5，通道进出口段束窄断面，且设置蛮石槛，构造"吸引"水流。仿自然通道全程进行防渗处理。此外，在鱼道的中部设有一个观察室，可同时观测竖缝式鱼道和仿自然通道的过鱼情况。在竖缝式鱼道内设有 VAKI 红外摄像机 1 台，用于长期记录鱼类在竖缝式鱼道内上行、下行情况。

安谷水电站鱼道过鱼目标为长江珍稀鱼种及该江段的特有鱼类，主要为胭脂鱼（*Myxocyptinus asiaticus*）、长薄鳅、长鳍吻鮈（*Rhinogobio ventralis*）、异鳔鳅鮀（*Xenophysogobio boulengeri*）、蛇鮈（*Saurogobio dabryi*）。同时兼顾了该河段分布的其他主要鱼类，分别为犁头鳅（*Lepturichthys fimbriata*）、白甲鱼（*Onychostonua asima*）、泉水鱼（*Pseudogyrinocheilus procheilus*）、瓦氏黄颡鱼（*Pelteobagrus vachelli*）切尾拟鲿（*Pseudobagrus truncatus*）等。鱼道设计的过鱼季节为每年的 3～10 月，其中重点过鱼时间为每年的 4～6 月。

根据 2017 年对竖缝式鱼道监测与评估结果，安谷水电站泄水闸下游的鱼类可以通过鱼道进口进入鱼道，并通过鱼道上行至库区。在投放的 172 尾试验标记鱼中，有 83 尾鱼进入了鱼道，其中 14 尾鱼上行至鱼道出口位置。其中速度最快的鱼（白甲鱼，体长 19.4 cm，PIT 编号 2170）从鱼道进口至出口经历时间约 1 小时 20 分钟。其他鱼类上行经历平均时间为 9.0～50.6 h。安谷水电站竖缝式鱼道的过鱼效率为 7.56%。

2.5.5　鱼道过鱼效果监测与评估技术规范框架

对于鱼道过鱼效果的监测与评估急需建立国内标准，水利部中国科学院水工程生态研究所联合国粮食及农业组织、环保部评估中心等单位和机构于 2017 年 1 月在武汉组织召开了"过鱼设施效果监测技术国际研讨会"。在吸取国际过鱼设施过鱼效果监测与评估技术及指标建立的经验的同时，就鱼道过鱼效果的监测与评估规范的编制进行了讨论。分别从过鱼效果的监测内容、评估的技术指标及进行评估的方法等方面进行系统的规范、约束或建议。

鱼道过鱼效果监测与评估规范的制定参考内容包括：①能源行业标准《水电工程过鱼设施设计规范》（NB/T 35054—2015）；②水利部标准《水利水电工程鱼道设计导则》（SL 609—2013）；③水利行业标准《水库渔业资源调查规范》（SL 167—1996）；④农业部标准《渔业生态环境监测规范》（SC/T 9102）；⑤水利行业标准《水文调查规范》（SL 196—1997）；⑥水利行业标准《水利水电工程水力学原型观测规范》（SL 616—2013）；⑦国家标准《海洋调查规范 第6部分：海洋生物调查》（GB/T 12763.6—2007）；⑧The EU Water Directive Framework（《欧盟水框架指令》）⑨美国的 Hydropower Licensing（《水电运行许可》）；⑩The Austrian Guideline for Evaluating Fish pass Functionality-Upstream Migration（《奥地利上行鱼道功能评估准则》）。

鱼道过鱼效果监测与评估规范的制定应对过鱼设施效果监测涉及的术语进行定义，对过鱼效果监测的内容、要求、指标、方法及结果分析等进行规定。

第3章 鱼类洄游通道恢复实践

3.1 引 言

欧美国家鱼类洄游通道恢复工作起步较早，在工程实践、政策研究、公众参与方面积累了大量经验。国内过鱼设施建设和研究于 20 世纪 50 年代才逐步启动，近 20 年来得益于国家对生态环保的日趋重视，大量过鱼设施修建完成，鱼道、仿自然通道、升鱼机、集运鱼系统等各种形式的过鱼设施均有过鱼数量较大、过鱼种类较多的应用案例，并且过鱼设施无论是数量还是质量都呈现出越来越好的趋势，为过鱼设施设计、建设、运行均积累了宝贵经验和应用范本，是学科发展重要的数据库和工程范式。本章筛选美国哥伦比亚河流域、欧洲莱茵河和我国乌东德水电站几个过鱼设施过鱼效果较好的案例进行展示。

3.2 研 究 进 展

3.2.1 国外过鱼设施建设和研究进展

国外鱼类洄游通道恢复工作最早出现于 17 世纪。1662 年，法国贝阿恩（Béarn）颁布了规定，要求在坝、堰上建造供鱼类上下游的通道，并且当时已经有了一些简单的鱼道。到了 19 世纪末和 20 世纪初，随着西方经济的快速发展，对水电能源、防洪、灌溉及城市供水的需求不断增加，水利水电工程得到了快速发展。与此同时，这些工程对鱼类资源的影响也日益显著，鱼道的研究和建设也取得了飞速进展。

进入 21 世纪后，全球社会经济发展与资源环境之间的矛盾日益加剧，生态与环境保护的重要性也达到前所未有的高度。因此，河流流域的鱼类洄游通道恢复工作得到了长足的发展。欧洲联盟（简称"欧盟"）、美国、日本、澳大利亚等国家和组织在鱼类洄游通道恢复设计、建设方面积累了许多先进、成熟的经验。

1. 法律与政策

有效的法律和政策是鱼类洄游通道保护和恢复的重要保障。发达国家如美国和日本在水利水电开发方面有着悠久的历史和水生态系统被严重破坏的经验教训，因此非常重视通过健全的法律制度和政策来确保水利水电的有序开发和水生态系统的恢复重建。虽然各国法律条例关注的重点有所不同，但都规定了在阻碍鱼类洄游的水工建筑物上必须建设相应的过鱼设施。

日本的《河川管理设施构造令》也明确规定，在设置固床工程时，必须设置鱼道以不妨碍鱼类的上溯。欧盟是一个具有完善的水生态环境保护恢复法律体系的组织。欧盟鱼类洄游通道恢复相关的法律政策体系包括三个层次：欧盟层次的指定和条约、国家层次的法律政策及地方层次的政策、规划和计划等。

在欧盟层次，制定的条约主要在宏观层面寻求对整个大洲水生态环境的保护和改善，包括鱼类洄游通道保护，并对签约各国具有普遍约束力。最著名的欧盟层次法律是 The EU Water Framework Directive，还有其他法律条例如 Treaty of Bonn（《波恩条约》）等（表 3.1）。国家层次的法律政策在欧盟指定和条约框架下制定具体适合本国鱼类洄游状况的法律和规定，比如英格兰和威尔士的 River Tavy Salmon Action Plan（《大麻哈鱼行动计划》）。地方层次的政策规划和计划则在欧盟和国家层次法律条例下制定本地区更具体的鱼类洄游通道恢复规划和计划，例如比利时佛兰德地区（Flanders）制定的截至 2010 年 1 月的地方鱼道恢复优先水域规划。

表 3.1 欧盟部分鱼类洄游通道恢复相关法律条约

法律条约名称	涉及内容	生效日期
Treaty of Bonn	迁徙性野生动物种类保护	1979 年 6 月 23 日
Treaty of Bern（《伯尔尼条约》）	野生动植物种类和它们的自然栖息地保护	1979 年 9 月 19 日
Regulation 92/43EEG of the council of European communities（《欧共体理事会 92/43EEG 规定》）	野生动植物自然栖息地保护	1992 年 3 月 21 日
Benelux Union Treaty（《比荷卢三国经济联盟的条约》）	比利时、荷兰、卢森堡三国鱼类自由迁徙	1996 年 4 月 26 日

2. 资金筹措

鱼类洄游通道恢复是一项需要巨额投资的工程，因此需要合理可行的资金筹措方法。不同国家在鱼道建设和维护资金筹措方面的方法有所不同。具体而言，鱼道建设和维护资金的来源主要包以下几种方式：政府资助、大坝拥有者的投资、渔业与航运等的收益及私人捐助等。

不同国家、不同大坝管理者和不同时期建设的过鱼设施的资金来源也不尽相同。有些资金来源于上述方式中的一种，有些可能源于两种或多种方式的组合。在美国，鱼道恢复主要依靠国家鱼道计划的资助和利益相关者的投资。在欧洲，立陶宛的鱼道建设的资金来自政府投资，而其他国家如捷克规定了新建水工建筑物过鱼设施建设费用由水工建筑物建设者承担。政府拥有的大坝的过鱼设施建设和维护费用来源于该水利工程的收益，而补充资金则可能来自政府的补偿或私人捐助等。

对于历史时期建设的大坝，许多国家并没有明确规定过鱼设施建设和维护费用的来源，这可能会对当地鱼类洄游通道恢复产生一定问题。然而，一些国家如瑞典、比利时、捷克和芬兰明确规定这些过鱼设施的建设和维护费用由政府直接投资。

3. 鱼类洄游通道恢复

鱼类洄游通道恢复实际上是一项技术要求高，失败风险非常大的工程。无论是确定目标鱼类种类，设计洄游线路，还是单个过鱼设施工程的技术方案，都要求准确合理。任何技术上的缺陷都可能导致恢复工程的失败。

欧洲有三百多年鱼道建设和鱼类洄游通道恢复的历史，已经积累了丰富的设计建设方法，形成了一套切实可行、可操作性强的技术方案。欧洲鱼类洄游通道恢复一般分为三个步骤：确定目标、确定优先水域、确定优先措施。

不同河流鱼类洄游通道恢复的目标是不同的，有的是实现鱼类自由迁徙，有的则是保证洄游状况不再恶化。恢复目标应考虑河流所有鱼类的自由迁徙，并贯彻和支持河流整个流域的生态保护目标。目标鱼类的确定应遵循以下标准：土著种、可持续种群恢复的可能性、对栖息地质量和连通性需求大、国家保护物种、经济价值较高等。在欧洲，The EU Water Framework Directive 已经规定了每条河流的鱼类洄游通道恢复目标。

经过几个世纪的水利水电开发，欧洲的河流都有大量的阻碍鱼类洄游的障碍物，完全消除这些障碍是不必要且经济上不能承受的。欧盟国家一般根据河流流域的恢复目标，调查障碍物类型、分布和对鱼类的阻隔程度，确定优先水域。荷兰、捷克、比利时等国建立了覆盖全国的优先水域信息库，包括障碍物分布、恢复水域等信息。美国国家鱼道计划也建立了覆盖全国的决策支持系统。

一旦确定恢复目标和优先水域，就需要选择合适的解决措施来解决具体河流的障碍物问题。不同的障碍物需要不同的技术解决方案。欧盟国家通常为单个障碍物构建多个技术解决方案，并进行技术经济评估，选择最佳方案。对于具体的障碍物过鱼设施建设，一般包括条件确定、设计和建设维护阶段。

4. 恢复效果监测与评估

鱼类洄游通道恢复效果的监测与评估是重要的环节。只有通过监测与评估，才能了解恢复效果如何，设计建设环境的优点和不足，并改进设计方案，使恢复效果达到最优，同时积累设计经验。由于鱼类洄游通道恢复效果的监测与评估费用较高且公众对其重要性认识不足，国外最初很少进行恢复效果的监测评估。然而，近年来其重要性不断被公众所认知，这项工作也逐渐受到重视。

恢复效果的监测与评估包括连续的常规监测与评估和专门的监测与评估。美国对哥伦比亚河流域的大坝过鱼设施进行了逐日的大麻哈鱼过鱼效果监测，并建立了长时间序列的监测数据库供研究人员和河流管理者使用。澳大利亚的墨累-达令河流域管理委员会对鱼类洄游通道恢复计划进行了大规模的监测与评估工作，并研发了监测与评估技术和遥感监测设备。欧洲的奥地利、捷克、丹麦等国也对境内的鱼类洄游通道恢复效果做了大量的监测与评估工作。

此外，日本的长良川河口堰（Nagaragawa Estuary Barrage）鱼道和美国的哥伦比亚河邦纳维尔大坝鱼道还设立了鱼道观察室，将过鱼效果监测与公众教育、旅游等结合起来，取得了较好的社会和经济效益。

5. 信息交流与公众参与

鱼类洄游通道的恢复工作需要各方共同参与，包括生态学家、工程师、政府、流域管理部门及其他利益相关者和公众。国外在鱼类洄游通道恢复领域非常注重信息交流和公众教育。欧盟成立了一系列跨国专家组，如联合国粮食及农业组织欧洲渔业咨询委员会、国际多瑙河研究协会、保护莱茵河国际委员会等，这些专家来自不同国家、不同职业和不同专业领域，他们可以进行充分的信息交流，为鱼类洄游通道恢复提供技术、政策法规、资金等方面的咨询建议和决策支持。此外，欧盟还通过举办国际论坛和建立跨国跨行业信息交流平台，借助互联网等形式促进信息交流。对于鱼类洄游通道恢复工作，流域内公众对其目的和科学意义的了解、关注和支持也非常重要。西班牙、英国、荷兰、澳大利亚等国通过学校教育、媒体宣传、出版印刷物、举办公益活动等多种形式开展鱼类洄游与洄游通道恢复知识宣传，以促进公众对鱼类洄游通道恢复工作的了解和关注。

3.2.2　国内过鱼设施建设和研究进展

1. 发展历程

我国鱼类洄游通道恢复研究和建设始于 20 世纪 50 年代，历史较短，以葛洲坝工程建设为标志，大致分为初步发展期、基本停滞期和二次发展期。

1）初步发展期

20 世纪 50～70 年代为初步发展期，初步发展期的鱼道设计主要模仿欧美和日本的鱼道形式，并针对国情开展了小型低水头鱼道布置、鱼道形式及过鱼效果等研究。期间修建的鱼道，多数是建在江苏省、黑龙江省、浙江省、安徽省、广东省等地沿海、沿江的防潮闸旁或江、湖间的闸坝上，大约有 40 座，大多数鱼道建成初期过鱼效果较好。

在 20 世纪 50 年代，我国开始进行大规模的农田水利建设，许多闸、坝被建设在河流和湖泊上。这些闸、坝的建设在防洪和灌溉方面起到了重要的作用，但同时也阻碍了鱼类、虾类、蟹类等的洄游通道，导致天然捕捞渔业资源的下降。由于当时天然捕捞渔业在水产业中占据重要地位，因此引起了社会的高度关注。在阻碍鱼类洄游通道的闸、坝上修建过鱼设施，恢复鱼类洄游通道最早的案例是在 1958 年规划开发富春江七里垄水电站时，首次建设了鱼道，但由于其他原因未能运行。之后，黑龙江省于 1960 年在兴凯湖附近建成了新开流鱼道，总长 70 m，宽 11 m；1962 年建成了鲤港鱼道。江苏省于 1966 年在大丰县建成了斗龙港鱼道，并建设了利民闸、黄沙河闸、万福闸等鱼道，截至 1973 年下半年，江苏省共建成了 16 座鱼道。安徽省于 1972 年在裕溪闸建成了鱼道，1974 年又建设了巢湖闸鱼道，连接了巢湖与长江之间的鱼类洄游通道。湖南省于 1980 年建成了洋塘鱼道，推进了我国集鱼系统的过鱼设施的设计和研究。洋塘鱼道位于湖南省湘江支流洣水下游，全长 317.2 m，宽 4 m，高 4 m，底坡 1.5/100，设有 100 块两潜流孔和两溢流孔式隔板，隔板间距 3 m，设计水位差 4.5 m，流速 0.8~1.2 m/s，流量 1.5 m³/s，还设有厂房集鱼系统、补水系统、19 个集鱼口及用于检验过鱼效果的观察室。

我国目前建设的鱼道大多分布在东部沿海及沿江的低水头闸门和坝上。由于这些地区的鱼道提升高度较小、坡降较小，初建成时运行效果一般较好。例如，斗龙港鱼道在 1967 年 4 月 27 日的 2 小时观测中，进入内河的鳗鲡苗达到 21 万尾；1969 年 7 月 1 日的一个潮汛时，进入内河的蟹苗达到 90 万只。斗龙港水产收购站在建造鱼道之前的 1966 年，仅收购了 1 445 斤的河蟹；而在鱼道建成后的 1967 年，河蟹收购量达到了 7 138 斤，到了 1970 年更上升到了 32 454 斤，1971 年为 24 366 斤。鲤的收购量在 1969 年增加到了 5 093 斤，到了 1971 年更高达 14 970 斤。此外，1967 年秋天，盐城县伍佑大队在斗龙港上游共捕获了一万多斤的凤鲚（*Coilia mystus*），而往年只能捕到几百斤。1973 年太平闸鱼道建成之后，连接了长江与邵伯湖、高邮湖的刀鲚（*Coilia ectenes*）、鳗鲡、蟹的洄游路线，上游湖区的渔业产量逐渐恢复。例如，在鱼道上游的金湖县，1974 年很少捕获刀鲚，而到了 1975 年就捕获了 5.5 t，湖区鳗鲡产量也成倍增加。洋塘鱼道在 1980 年初建成时，过鱼效果良好。

除了修建过鱼设施和鱼类洄游通道外，湖北、湖南等省份的建闸湖泊在每年春夏洪汛期间，会开闸灌江纳苗，使大量长江天然鱼苗进入湖泊进行蓄养肥育，然后在秋冬季节利用排水设置张网捕鱼，取得了良好的收效。

2）基本停滞期

从葛洲坝最终采取建设增殖放流站的方法来解决中华鲟等珍稀物种的保护问题开始，我国过鱼设施研究进入了基本停滞期。在 20 世纪 80 年代至 20 世纪末，我国在建设水利水电工程时很少修建过鱼设施，相关的技术研究工作也几乎未开展，早期已建成的鱼道也因疏于维护管理等原因逐渐荒废。

葛洲坝水利工程于 1981 年截流，是长江干流上的第一座拦江大坝。在工程设计和建设过程中，中央和行业主管部门、工程设计单位、科研部门及社会各界都对工程对长江流域水生生态环境和渔业资源的影响及补救措施等进行了多次讨论和论证。

在 20 世纪 50 年代末，相关部门开始对葛洲坝工程对长江渔业资源的影响进行论证。当时由于对渔业资源和水生态系统认识有限，重点关注的是与人们餐桌相关的经济鱼类，即四大家鱼。当时有一种观点认为，长江中下游的四大家鱼必须上溯到宜昌以上的产卵场繁殖，而当时尚未成功进行四大家鱼的人工繁殖。因此，认为宜昌产卵场对全国淡水养殖渔业具有重要意义。在 20 世纪 50 年代末到 20 世纪 60 年代中期，中国科学院水生生物研究所（以下简称"中科院水生所"）等单位进行了一系列四大家鱼产卵场调查，确定长江干流上从重庆巴县到江西彭泽县之间有 36 个不同规模的产卵场,而宜昌产卵场仅占总数的 7%。随后,中科院水生所通过调查长寿湖、大洪河水库、熊河水库及富春江七里垄水电站、汉江丹江口水电站发现,四大家鱼产卵场对环境条件的要求并不是非常严格,只要繁殖的基本条件满足,受阻于坝下的亲鱼就能正常繁殖。1970 年葛洲坝工程指挥部召开讨论过鱼设施会议时,中科院水生所和中国水产科学研究院长江水产研究所(长江水产所)分别提出了不必修建过鱼设施的建议,但当时的主管部门倾向于修建过鱼设施。

20 世纪 70 年代,葛洲坝工程救鱼的对象扩展到了中华鲟、白鲟、鳗鲡、铜鱼等物种,中科院水生所等单位对这些救鱼对象进行了调查和分析。到 20 世纪 70 年代末,鱼类学界和渔业界普遍认为葛洲坝工程阻碍了中华鲟的洄游通道,应将中华鲟列为主要救鱼对象,并立即加强人工繁殖试验研究工作。然而,在是否修建过鱼设施的问题上存在较大分歧。科研部门主张不必修建过鱼设施,但渔业行政主管部门仍然倾向于建设过鱼设施。1981 年,葛洲坝大江截流后预留了过鱼设施位置。

根据 1982 年 10~11 月的观察和调查,发现了在宜昌至石首江段的铜鱼、黄颡鱼(*Pelteobagrus fulvidraco*)等底层鱼类的消化道中有中华鲟卵,尤其是在虎牙滩对面的仙人桥附近,距离十里红约 20 km 的地方,捕捞到了 30 尾刚孵化不久的中华鲟鱼苗。据推测,这些鱼苗是在坝下江段的产卵场繁殖的。国家经济贸易委员会、农牧渔业部和水利电力部组成的联合调查组到现场核实,并召开了水产科技人员座谈会。经过调查和讨论,认定中华鲟在坝下江段产卵和正常孵化的情况是事实,坝下江段已经形成了新的产卵场,能够依靠自然繁殖维持鱼种的数量。1982 年 12 月,中央有关部门负责人向国务院主要领导提出了书面建议,认为不需要考虑在葛洲坝修建过鱼设施的救护措施,以免造成严重的经济损失和浪费。至此,关于葛洲坝工程是否修建过鱼设施的长期争议以不修建过鱼设施作结。

3)二次发展期

进入 21 世纪,随着中国水利水电资源开发逐步深入,在维持河道连通性与河流生态环境保护的客观需求下,中国过鱼设施研究开启了二次发展期。

葛洲坝工程放弃修建过鱼设施后的近 20 年里,我国未修建任何过鱼设施。相关研究也中断,鱼类洄游通道的作用和地位明显被忽视,一些已建设的过鱼设施由于管理不善逐渐荒废。然而,进入 21 世纪以后,随着我国经济的快速发展和水利水电开发的力度加大,一系列水生态系统健康和安全问题凸显出来,如水体富营养化、渔业资源退化、水生生物多样性下降及珍稀鱼类濒危程度加剧。人们重新认识到恢复鱼类洄游通道的重要性,并在新颁布的《中华人民共和国水法》《中华人民共和国渔业法》《中华人民共和国长江保护法》《中华人民共和国黄河保护法》《中华人民共和国湿地保护法》《中国水生生物资源养护行动纲要》等法规条例中明确提出,在水生生物洄游通道上建闸筑坝时应当修建过鱼设施。过鱼设施的作用和功能再次被思考和探讨。

2. 相关技术体系建设

近年来，国内相继制定了《水利水电工程鱼道设计导则》（SL 609—2013）、《水电工程过鱼设施设计规范》、《水电工程过鱼对象游泳能力测验规程》（NB/T 10612—2021）、《水电工程升鱼机设计规范》（NB/T 10863—2021）、《水电工程集运鱼系统设计规范》（NB/T 10862—2021）、《水利水电工程过鱼效果评估技术规程》和《水电工程过鱼设施运行规程》等与过鱼设施相关的行业规范。有力促进了我国过鱼设施的规划设计、建设、运行和相关研究的发展，在众多河流的开发与保护中发挥了重要作用。

3. 过鱼设施主要类型和建设情况

1）主要类型

我国已建过鱼设施以鱼道为主，兼具升鱼机、集运鱼系统等类型。鱼道也称为鱼梯，主要利用隔板将鱼道分隔成具有水位差的梯级水池，通过水流扩散消能减小流速，从而让鱼类克服水流能量通过鱼道。根据隔板的形式可将鱼道分为丹尼尔式、池堰式、竖缝式和底坎式等类型。池堰式也叫溢流堰式，水流通过溢流高度较低的堰来扩散消能，池堰式鱼道适合游泳能力较强、跳跃性较好的鲑科鱼类等，在我国很少使用。竖缝式鱼道水流通过竖缝扩散消能，适用于不同分布水层、不同规格的鱼类通过，是目前认为水力学条件较好的一类鱼道，也是我国近年来采用较多的一种鱼道形式，我国竖缝式鱼道有上庄水库鱼道、长洲水利枢纽鱼道、斗龙港闸鱼道、瓜州闸鱼道、枕头坝一级水电站鱼道、沙坪二级水电站鱼道等。底坎式鱼道孔口布置在隔板中低层，鱼类通过孔口上溯。底坎式鱼道一般适用于需要一定水深的中、大型鱼类，我国的底坎式鱼道有江苏团结河闸鱼道、洋口北闸鱼道等。为了控制适当的流速和流态，底坎式鱼道相邻隔板上的孔口采取交叉布置的形式，除一些仿洋塘鱼道使用外，国内目前较少采用这种鱼道形式。

2）建设情况

据统计，葛洲坝工程建设前后我国已建过鱼设施 40 座以上，主要分布在江苏省、浙江省、安徽省、上海市、黑龙江省、湖北省、湖南省等省市沿海、沿江低水头闸坝上，绝大多数分布在河湖间的控制闸和沿海挡潮闸上。建设在拦河大坝上的过鱼设施仅有富春江七里垄鱼道和涑水洋塘鱼道，但目前大多已废弃。

2010 年以来，生态环境部在约 140 个的重大水利水电建设项目环评审批中提出了建设过鱼措施的要求，批复采取的主要过鱼设施形式有鱼道、集运鱼系统、升鱼机及组合式过鱼设施等。目前陆续修建了一批过鱼设施，包括长洲水利枢纽鱼道、兴隆水利枢纽鱼道、崔家营航电枢纽工程鱼道、连江西牛航运枢纽工程鱼道、枕头坝一级水电站鱼道、藏木水电站鱼道、安谷水电站仿自然鱼道、沙坪二级水电站鱼道、彭水集运鱼系统、山口水电站升鱼机、黄登水电站升鱼机、丰满水电站升鱼机、丰满水电站永庆反调节水库仿自然鱼道、大藤峡仿自然鱼道+工程鱼道等，建成了多种类型的过鱼设施。截至 2021 年，上述要求建设的过鱼措施中有 40 余项已建成并投入运行，在众多河流的开发与保护中发挥了重要作用。2021 年 4 月，长江干流首座过鱼设施乌东德水电站集运鱼系统启动运行，突破了深切峡谷、特高拱坝过鱼世界级难题，截至 2023 年 7 月 15 日，乌东德水电站集运鱼系统集鱼 53 种 83 287 尾，10 种主、次要过鱼对象均已集到。江西赣江峡江水利枢纽鱼道自 2016 年投运以来，每年过鱼数量均达数十万尾，有效保护了赣江鱼类资源。这些过鱼设施的建成与发挥效益，在有力回应社会上"鱼道无用论"争议的同时，也积累了经验，推动了相关生物科学、管理科学、技术装备的进步与实践。

3.3 案　　例

3.3.1　哥伦比亚河流域过鱼设施

1. 背景

哥伦比亚河是北美洲主要河流之一，发源于加拿大南部落基山脉（Rocky Mountains），河流西南流经美国，最终在哥伦比亚河峡谷地区注入太平洋，全长 2 044 km，最大支流为斯内克河。哥伦比亚河流域面积 41.5 万 km^2，流域跨越加拿大不列颠哥伦比亚省（Province of British Columbia）、美国华盛顿州（State of Washington）、俄勒冈州（State of Oregon）和爱达荷州（State of Nevada）。在哥伦比亚河流域内共有 250 多座水库和约 150 项水电工程，其中有 18 项水电工程位于哥伦比亚河及其主要支流斯内克河上，为该地区提供了 65% 的电力，同时也有防洪、航运、娱乐、鱼类及野生动物保护、城镇和工业供水，以及灌溉等多种效益。

哥伦比亚河及其主要支流斯内克河和萨蒙河是鲑科的丰产区。这些鱼在河流上游的小溪中产卵，孵化后的幼鱼在淡水溪流中生活一段时间后顺流而下到达海洋，等到性成熟后便会返回河口上游产卵。它们具有极强的回归本能，总是要回到自己孵化的地方产卵。为此，自 20 世纪 30 年代起，美国在哥伦比亚河流域兴建高坝和大型水库时，十分重视亲鱼迁徙的研究，并建成了邦纳维尔、麦克乃瑞、艾斯哈伯等著名的大型过鱼设施。每年有大量的亲鱼通过这些设施洄游，每一条亲鱼又可产数以万计的卵。每年春季，就有数以亿计的幼鱼需要返回海洋。然而，由于水库水流缓慢，幼鱼易迷失方向，下行时间成倍增加，影响生长，并且容易成为天敌的捕食对象。此外，幼鱼在通过溢洪道或水轮机的过程中也会有一定的死亡率，由于高坝下游的浅水区域氮气过饱和，还可能导致幼鱼患"气泡病"而死亡。专家们估计，每经过一座大坝，幼鱼的死亡率在 15%～30%，在斯内克河上游的幼鱼，需要经过 8 座大坝，而在哥伦比亚河干流上游的幼鱼，则需要经过 14 座大坝，因此在哥伦比亚河干流上游只有 10% 的幼鱼能够成功返回海洋。

2. 建设情况

上行过鱼设施。自 1933 年设计邦纳维尔大坝以来，哥伦比亚河和斯内克河上的 14

座大坝都设有成鱼鱼梯。这些鱼梯由一系列的台阶和水池组成，形成一个缓慢上升的通道，连接大坝的上下游，为迁徙上游产卵的成鱼提供通过的路径。在水电站厂房下游，设置了鱼类诱导系统，通过在溢洪道两侧安装特殊设备，吸引鱼类到鱼梯的下游进口。沿着河道的两岸分别布置了鱼梯，在鱼梯下游进口处模仿天然的跌水设置了诱导水流，诱导成鱼沿着鱼梯越坝上游。

下行过鱼设施。哥伦比亚河流域的鲑鱼幼鱼通常通过以下方式通过坝体下降到河流中：水轮机通道；通过幼鱼旁路系统直接释放到河流中；通过幼鱼旁路系统集中，并通过驳船或卡车运输到下游河段。在达尔斯坝（The Dalles Dam），幼鱼通过排放冰块和垃圾的水道下行。在哥伦比亚河和斯内克河下游的 14 座大坝中，有 7 座设有幼鱼旁路系统。通过在水轮机进水道内设置淹没式滤网，幼鱼被引导进入后抬升并通过旁路水道穿越大坝，在下方河道中释放。下莫曼特坝、小古斯坝、下格拉尼特坝（Lower Granite Dam）、麦克乃瑞坝设有鱼类运输设备，幼鱼经过旁路系统后被运送到集中区域，然后装载到特制的驳船或卡车运输到下游河段。春季和夏季斯内克河大约 60%～70%的鲑鱼通过幼鱼旁路系统通过大坝。该百分比被称为鱼类引导效率，并因大坝不同而有所不同。秋季斯内克河鲑鱼的引导效率约为 30%。

此外，美国陆军工程兵团还通过增加春季和夏季闸坝的下泄流量等措施来促进幼鱼的下行迁移。

3. 运行状况

1979～1983 年，美国陆军工程兵团耗资 3 400 万美元进行了一项庞大计划，旨在全面总结和评估哥伦比亚河流域中的上行亲鱼和下行幼鱼过鱼设施的运行效果，并提出优化改进方案。根据美国国家海洋渔业局 1981 年的观测资料，下格拉尼特坝进水口拦导栅系统的拦导效率仅为 30%（大鳞大麻哈鱼），远低于该流域各坝的平均值 70%。因此，美国国家海洋渔业局在 1982 年开始研究拦导效率低的原因和改进措施。根据进水口前鱼类垂直分布的资料，76%的大鳞大麻哈鱼处于进水口上方可以被拦导栅拦截的范围内。然而，当年的拦导效率仅为 50%。科罗拉多大学在当年进行了水工水力学模型试验，结果表明，拦导效率低的主要原因是进水口主流偏转到拦导栅下方，导致分布较深的大鳞大麻哈鱼被带入进水口。基于这一结果，得出了修改方案：降低拦导栅位置，提高闸门井内闸门的开度，增加进入门井的流量以减少进水口水流的偏转。1983 年进行了原体试验，结果显示，提高闸门开度后，大鳞大麻哈鱼的拦导效率提高到了 74%。邦纳维尔坝是下行幼鱼需通过的最后一座大坝。其一号厂房进水口的拦导栅效率达 71%～81%，而二号厂房仅为 14%～34%。1983 年的研究还发现，一龄以下的大鳞大麻哈鱼容易被卡在拦导栅上并难以通过旁路系统；红大麻哈鱼也不容易通过旁路系统；当流量较小时，幼鱼下行的速度明显变缓。1985 年，华盛顿大学研究了二号厂房进口结构与低效率的关系，并提出了改进方案，建议在原进水口上方增加一个空心板状结构，即形成进水口喇叭口曲线，以改善进口流态，从而提高过鱼效率。哥伦比亚河和斯内克河每座鱼道都设有一个计数站，记录每天通过的鱼类种类和数量，并通过互联网发布这些数据，以供公众和研究者查询和下载，实现信息的共享。此外，还通过信标追踪等方式开展大量专题监测评估工作，分析研究成鱼上溯、幼鱼下行及通过多个大坝的存活率，以及产卵场的恢复状况等。根据哥伦比亚流域鱼道中心 2011 年的年度报告，哥伦比亚河和斯内克河的 14 座鱼道的运行效果良好，其中最下游的邦纳维尔鱼道年过鱼量超过一百万条。

3.3.2　欧洲"莱茵河鲑鱼 2000 计划"

莱茵河是欧洲大陆上鲑鱼等洄游鱼类的一条重要的洄游河流，18～19 世纪捕捞鲑鱼曾是一个重要的商业行为。然而，在近 200 年的时间里，特别是第二次世界大战后，随着经济快速发展，过度捕捞、河道的人工化、工业废水排放和内河航运等人类活动导致莱茵河水质恶化、建坝（共有 21 座水电站）阻碍了鱼类洄游，河口入海通道的改变及已建鱼道的过鱼效果不佳，导致到 20 世纪下半叶，几乎没有鲑鱼存在于莱茵河中。

在 20 世纪 80 年代，莱茵河流域管理委员会和沿河国家意识到必须重新恢复莱茵河的生态环境，使鲑鱼重新回到莱茵河，于是启动了"莱茵河鲑鱼 2000 计划"。该计划的主要内容包括建设污水处理厂、改善河道水质、增设或改建鱼道、清除河道中阻碍鱼类上溯的人工障碍、保护鱼类的产卵场、引入大西洋鲑种群、制定洄游鱼类的相关政策等。

通过各国的共同努力，"莱茵河鲑鱼 2000 计划"取得了显著成效。在 2000 年，鲑鱼成功洄游到位于德国境内的伊弗茨海姆水电站（距离莱茵河口 700 km），实现了计划的目标。伊弗茨海姆水电站曾建设过鱼道，但过鱼效果不佳。为此，法国电力集团、德国新能源集团、法国和德国政府以及欧盟生命（EU-LIFE）项目在 1998～2000 年间共同出资 730 万欧元，重新建设了一条长 300 m、水头为 10 m 的新鱼道。该鱼道在 2000 年投入运行，监测显示，每年有 7 000～21 000 尾鲑鱼通过鱼道回溯到上游。

3.3.3　乌东德水电站集运鱼系统

乌东德水电站集运鱼系统由集鱼系统、提升装载系统、运输过坝系统、码头转运系统、运输放流系统和监控监测系统等部分组成。

集鱼系统是整个集运鱼系统的核心，布置在两岸水电站尾水出口附近，由右岸尾水集鱼站和左、右岸尾水集鱼箱组成，利用发电尾水进行诱鱼。提升装载系统包括两岸尾水门机和集鱼站提升装载设备，作用是将收集的鱼类提升至尾水平台进行暂养并将鱼类转移装载进入专用运鱼车。运输过坝系统包括专用运鱼车及维生系统，运输路线为尾水平台至坝上转运码头，运输距离约 6～8 km，运输时间在 30 min 之内。转运码头位于坝上游约 4.5 km 的海子尾巴，运鱼放流船长 35.00 m，设置有活鱼运输舱，并配置鱼类维生系统，可保证鱼类的运输环境。通过运鱼放流船可将鱼类运输至水库中的流水江段或支流汇口进行放流。集运鱼系统总体布置见图 3.1。

图 3.1　乌东德水电站集运鱼系统总体布置示意图

　　乌东德集运鱼系统的过鱼流程为：通过布置在水电站尾水的集鱼系统诱集鱼，再通过提升系统将鱼类提升至尾水平台，经过统计后暂养，通过专用运鱼车运输至位于坝上的码头，最后转入运鱼船运输至流水江段放流。

1. 集鱼系统

1）集鱼设施选址

　　集鱼设施原则应选址在鱼类的密集分布区，最佳位置应是鱼类的上溯终点。鱼类的分布及上溯路径与河道地形及河道水流条件息息相关，本节通过数值模拟试验及物理模型试验，对不同工况下坝下河道流场分布进行了分析，代表工况（12 台机组发电）下坝下流场分布见图 3.2。根据试验结果，下游河道收窄处（金坪子弯道附近）在不同工况下，流速达 3～5 m/s。虽超过一般鱼类克流能力，但考虑到河床两岸边界蜿蜒曲折，河

流速/(m/s)

0.00　1.50　3.00　4.50　6.00

图 3.2　12 台机组满发工况下下游河道流场分布（825 m 高程）

道两侧均存在流速 1 m/s 左右的低速流带，因此，鱼类能够通过该断面继续上溯，进而进入两岸尾水渠。尾水洞出口流速为 1.75～5.5 m/s，流速呈射流型分布，中心流速较高，两侧存在低速分离回流区，鱼类在尾水洞口上溯疲劳时会在此区域休息，然后伺机上溯。因尾水洞口水流翻滚紊乱，部分鱼类会利用水流的动态紊动特性，进入流速相对较低的尾水洞出口段。因此，鱼类的密集分布区主要在两岸尾水出口附近。

基于以上对坝下鱼类分布及上溯路径的判断，集鱼系统应该设置在两岸尾水出口附近，集鱼系统主要由尾水集鱼站和尾水集鱼箱两类集鱼设施组成，布置见图 3.3 及图 3.4。

图 3.3　集鱼系统布置示意图

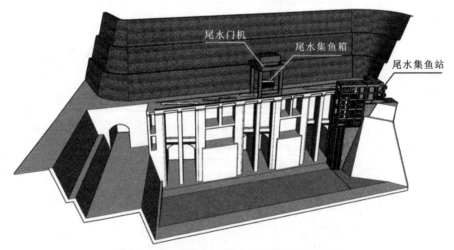

图 3.4　尾水集鱼站及尾水集鱼箱布置示意图

2）尾水集鱼站

基于对坝下鱼类分布、特征及对鱼类上溯路径的判断，在右岸#4 尾水洞出口处设计了利用发电尾水进行诱鱼的尾水集鱼站。集鱼站处在右岸尾水和二道坝下游缓流区的交界地带，根据对坝下流场及鱼类上溯洄游路径分析，选址在此可兼顾尾水区的喜流型鱼类和二道坝下的广适型鱼类的集鱼需要。集鱼站由集鱼池、进鱼口、防逃笼、拦鱼设施、提升箱、提升轨道等部分组成。

集鱼站利用#7 及#8 机组的发电尾水进行诱鱼，发电尾水由导水墙引入集鱼池，再从两列进鱼口流出，不同工况下可形成约 $50\sim120\ m^3/s$ 的"大流量"诱鱼水流。集鱼站进鱼口从尾水渠底部（高程 800.00 m）贯通至集鱼池顶部（高程 830.00 m），可形成覆盖表中底"全深度"的诱鱼水流，满足了底栖、浮游等不同栖息水层鱼类的诱鱼需要。同时，通过进鱼口的特殊布置，在两列进鱼口可形成一大一小两股不同流速的诱鱼水流，通过数值模拟计算（结果见图 3.5），#7 及#8 机组在单台、双台机组发电等不同组合工况下，集鱼站进鱼口水流均满足鱼类进入条件。

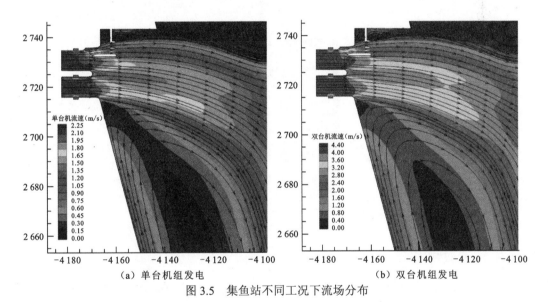

（a）单台机组发电　　　　　　　　　　（b）双台机组发电

图 3.5　集鱼站不同工况下流场分布

3）尾水集鱼箱

乌东德水电站 12 台机组分别布置在左右两岸，为进一步扩大集鱼系统的诱集鱼范围，保障两岸鱼类的集鱼效果，设计了可放置在两岸尾水洞出口，利用水电站发电尾水进行诱鱼的尾水集鱼箱。集鱼箱主要针对上溯至尾水洞口的流水性鱼类设计，可根据不同发电组合工况放置于尾水洞出口处。尾水集鱼箱通过尾水门机在尾水检修门槽起吊和下放，可灵活调节作业水深，满足了不同点位、不同水层鱼类的集鱼需要。尾水集鱼箱宽 9.2 m，高 2.9 m，其中集鱼部分高 2.0 m，箱体纵深 2.78 m。箱体设有左、右两个防逃进口，呈反向喇叭口结构。集鱼箱内通过特殊的构造形成具有一定体积的缓流区域，可以满足鱼类停留及休息需要。

通过由右岸尾水集鱼站及左右岸尾水集鱼箱组成的复合型集鱼系统，可实现"多点位、全深度、大流量"集鱼。

2. 提升装载系统

提升装载系统由提升设施、暂养设施及装载设施组成，其中提升设施主要包括左右岸尾水门机及集鱼站提升设施；暂养设施主要包括溜鱼槽、暂养池、喷淋设施及鱼类维生系统。装载设施主要包括装载管、补水设施、排水设施等。提升装载系统布置见图3.6。

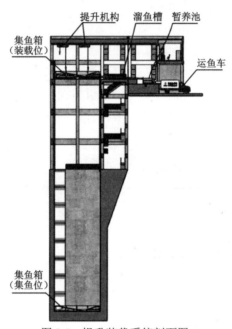

图3.6　提升装载系统剖面图

3. 运输过坝系统

运输过坝系统主要包括专用运鱼车、运鱼箱、维生系统及配套道路等。专用运鱼车采用厢式货车定制化改造，内部放置运鱼箱。为保证运鱼过程中鱼类的生存条件，车内配置有维生系统，可对运鱼箱内水体进行控温、补氧、过流及循环操作，同时设置水质监控设备，实现运输水体的实时监控及预警。运鱼车上还配备放流软管，具备放流鱼类的能力。专用运鱼车安装有定位跟踪系统，能够对车辆的行驶轨迹做到实时跟踪、记录和监控。

根据集鱼地点，过坝线路分左岸过坝线路和右岸过坝线路，起点分别为两岸尾水集鱼平台，终点为坝上转运码头。其中左岸运输线路全长 7.9 km，右岸运输线路全长约 6.0 km，过坝运输线路总长度 8.56 km，隧洞段 3.0 km，运输过坝线路见图3.1。

4. 码头转运系统

鱼类转运码头位于坝址上游 4.5 km 的海子尾巴，岸坡较为平缓，海子尾巴场地岸侧紧邻右岸高线过坝道路，集疏运条件均较好。鱼类转运码头采用下河公路与直立平台相结合方案，下河公路依托现有右岸低线过坝道路改造而成，对现有道路向江侧进行拓宽，道路临江侧布置挡土墙，水位在 945.00～970.00 m 变动时，运鱼放流船可沿道路临江侧停靠，通过管道进行鱼类装卸转移。当库区水位在 970.00～975.00 m 变动时，采用直立式平台进行装卸作业，直立平台位于右岸低线过坝道路上游，紧靠#1、#2 工作船泊位陆域下游布置，平台长约 150 m，前沿采用重力式挡土墙结构，平台前沿宽 15 m 地带为装卸作业地带，用于鱼类装卸作业。

5. 运输放流系统

运输放流系统的作用是将鱼类运输至库区适宜江段进行放流，主要包括运鱼放流船、维生系统、放流辅助设备等。运鱼放流船全长约 35.00 m，型宽 6.60 m，设计航速 25 km/h，船主甲板设置鱼类维生舱，舱内设置水循环系统，可保证水体与江水的连通和交换，同时设置鱼类维生及水质监控设备，保证运输水体理化指标满足鱼类需求。

根据集运鱼系统放鱼总体方案，鱼类在转运码头转入运鱼放流船后，船舶行驶至库区具有一定流速江段进行放流，初拟放流地点为平均流速＞0.2 m/s 的水域及各支流汇口处，运行期根据放流效果对放流地点进行动态优化调整。

6. 监控监测系统

为对整个集鱼、提升、分拣、装载、转运、运输、放流全过程各环节进行监控，集运鱼系统设置有视频监控、在线水质监控、运鱼车定位跟踪系统、运鱼船定位跟踪系统、警报系统等，能够对集运鱼各关键环节进行全程监控，保障集运鱼系统的有效运行。

3.4　我国过鱼设施建设存在的问题与对策

3.4.1　存在的问题

我国鱼道最初是为保护珍贵鱼种而修建的，而美国、加拿大等是为保护鲑鱼、鳟鱼、白鲟而修建的，而这些鱼类都具有洄游特性，包括索饵洄游、生殖洄游、越冬洄游，同时这 3 种洄游构成了鱼类洄游周期。鱼道的修建可以一方面实现保护水生生物的目标，另一方面实现河道的纵向连通的目标。需要充分认识到，鱼道的建设不但是为鱼类保护，更是为保持河道水域连通性，为补偿大坝阻隔带来的影响提供了重要技术手段。我国鱼道研究相对于欧美国家来说起步比较晚，虽然近年来已取得了较大进展，仍存在一系列的问题亟待进一步探讨与研究。

1. 过鱼设施的普及度仍然较低

据统计截至 2022 年，我国建有 9.8 万多座水库，虽然过鱼设施建设在过去 10 多年取得了较大进展，但建设过鱼设施的涉水工程仅仅 100 多座，占比非常低。由于对生态保护的认知限制，2000 年前，国内水利水电枢纽建设时对过鱼问题考虑较少，基本没有建设过鱼设施，少量已建的过鱼设施疏于管理也基本丧失了过鱼功能。同时，由于过鱼设施前期建设和后期运维费用很高，生态效益远高于经济效益，因此运行管理单位缺乏建设的动力。

2. 下行过鱼设施仍未引起足够重视

我国已建过鱼设施绝大多数为鱼类提供上行洄游通道，一些大型水利水电工程规划设计有下行过鱼设施，部分设计为双向鱼道，但对下行鱼道的重视程度、基础生物学研究远不及上行过鱼设施，也是目前过鱼设施中需引起重视的问题。鱼类可以通过大坝船闸、溢洪道、发电水轮机或者水闸开启时下行。但目前国内缺乏对大坝船闸的过鱼效率、溢洪道洪水冲击对鱼类的伤害、下游气体过饱和对鱼类的伤害、发电水轮机对鱼类的伤害情况、水闸启闭与鱼类洄游时间匹配度和效率等的深入研究。根据国内外相关研究，鱼类被水流挟带误入水轮机、泄水闸时，会导致较高的伤亡率，尤其是对于水头较高的大坝、混流式机组，伤亡率甚至达到 100%。

3. 缺乏流域洄游通道恢复规划

对流域层面连通性问题缺乏考虑，现有过鱼设施相关的法律法规和政策文件大多是从区域尺度或特定目标鱼类种群的角度进行规定和约束，从流域尺度进行规定的内容较少。往往出现上游下游都没建过鱼设施，在中间的梯级建有过鱼设施的情况，过鱼效果有限。

4. 基础科研不足

与国外 300 多年的发展历史相比，国内过鱼设施尚处于起步阶段，过鱼设施研究属于生物和工程的交叉学科，目前对于鱼类洄游机制缺乏足够的认识，鱼类对水流响应机制基础性研究还不够深入。同时对于已建过鱼设施的监测与评估也较为缺乏，监测与评估工作是衡量过鱼设施有效性的重要手段，也是后期过鱼设施优化完善的重要技术支持，但目前由于技术性专业人才储备不足，在监测方法上也缺乏规范指导。

3.4.2　对策与展望

近年来，随着我国过鱼设施建设和有效性评估案例增加，我国对过鱼设施已经具有更为深入的了解，积累了一定的设计经验和生物学数据，也发现了一些发展中存在的问题，未来通过进一步开展技术研究和运行管理，有望整体上有效提升我国过鱼设施的整体发展水平。

1. 基础研究

加强多学科间的合作研究。一是鱼道设计的保护目标不仅只是稀缺物种，同时也要考虑底栖无脊椎水生生物等。二是鱼类生活习性方面的研究，这是鱼道建设的最根本基础。三是适合国内鱼类等水生生物的鱼道的关键性技术研究，以国外先进经验作为参考，一定要与鱼类的生态习性、枢纽整体布置、水文资料、地理位置及周边环境等因素结合起来。四是加强过鱼设施效果监测与评估，为后期优化过鱼设施提供科学技术支撑，同时加快推进过鱼设施效果评估的技术标准或规范的编制。

2. 人才培养

过鱼设施设计牵涉众多专业学科，不仅是水利水电工程的附属，也是一个相对独立、复杂和系统的设计工作。设计过程中需要多方面协调、多学科交叉，需要针对鱼道的设计工作成立专门的鱼道设计和科研体系，加强人才培养。

3. 运行监管

在建设项目环境影响评价、环保科研及设计、环保竣工验收调查、环境影响后评价的各环节给予过鱼设施建设足够的重视，加强过鱼设施运行管理和维护，保证鱼道的正常运行与维护。

4. 流域层面研究与规划

从流域层面考虑梯级开发对河流生态系统的影响，即在流域综合规划及水电开发规划阶段应将过鱼设施纳入规划约束条件，对已建、在建和规划建设的梯级是否要建过鱼设施、建设什么类型的过鱼设施等做出决策和判断，并形成系统的流域鱼类洄游通道恢复规划，有计划有步骤地实施。

第 4 章　流域鱼类洄游通道恢复思路：以湘江流域为例

4.1　引　言

湘江流域鱼类洄游通道恢复工作是从湘江流域整体鱼类生物多样性保护出发考虑整个干流的洄游通道恢复，在此之前国内鱼类洄游通道恢复的实践多针对单个大坝或少数连续几个大坝。湘江流域鱼类洄游通道恢复工作在广泛收集湘江流域整体鱼类生物多样性和各个梯级大坝工程数据资料基础上，充分考虑梯级大坝建设对生物多样性的影响，明确鱼类洄游需求、建立决策平台辅助设计、针对工程特点开展过鱼设施的具体设计。

4.2　湘江流域概况

4.2.1　地理位置

湘江又名湘水，河源段称白石河。它位于洞庭湖水系东面，横跨广西壮族自治区东北部和湖南省东部，是洞庭湖水系流域面积最大的河流。湘江流域东以罗霄山脉与鄱阳湖水系分界，西以雪峰山脉东侧余脉和南岭山脉越城岭与资水毗邻，南以南岭山脉与珠江水系分界，北抵洞庭湖。湘江流域地处 $110°30'E\sim114°01'E$，$24°31'N\sim29°01'N$。流域面积 94 660 km^2，地跨广西壮族自治区、广东省、江西省、湖南省 4 省（区）69 个县（市）（《中国河湖大典》编纂委员会，2010）。

4.2.2　地形地貌

湘江流域区内地形特点为西南高北东低，东安至洞庭湖入口河流落差 95 m，其中永州萍岛以上为湘江上游段，属山区地貌，河谷一般呈"V"形，呈滩多水急、流量及水位的变幅较大的山溪河流特点；永州萍岛至衡阳为中游河段，两岸呈丘陵地貌，河谷台地发育，逐渐开阔，呈"U"形；衡阳至濠河口为下游河段，沿河多冲积平原及低矮丘陵，河谷开阔，河槽一般呈矩形，河宽较大，流速平缓。

4.2.3　水文气象

1. 气象

湘江流域属亚热带季风湿润气候，雨量丰沛，年内分配不均，降雨多集中在春夏之间，夏热冬冷，暑热期长，形成了流域内高温多湿的气候特征。因受季风影响，全年多北或东北风，平均风速 1.9～2.8 m/s，风速由北向南逐渐减弱。7～8 月受太平洋高气压影响，盛吹南风，平均风速 3.5～5.4 m/s。流域年均气温 16～18℃，7～9 月气温最高，平均 24～29℃，极端最高气温 43.6℃，极端最低气温-12℃。湘江流域年均降雨量 1 300～1 500 mm，年内降雨时间分配不均，降雨多集中在 4～6 月，占全年的 40%～45%；7～9月干旱少雨，降雨量约占年降雨量的 18%；1～2 月降雨量最少，仅占全年的 8%。湘江流域降雨量地域分配不均，沿湘江的降雨量呈南北多、中部少，上游广西全州、兴安一带，是湘江的暴雨区之一，降雨量较多，中游衡阳盆地降雨量较少，下游长沙市又比中游略高。湘江流域降雨量年际分配不均，一般降雨量的变差为 2～3 倍，如湘潭市 1953年降雨量 2 081 mm，是 1963 年降雨量 1 029.4 mm 的 2.02 倍；株洲市 1954 年降雨量1 912.6 mm，是 1963 年降雨量 932.6 mm 的 2.05 倍。

2. 主要河流

湘江流域水系发育，支流众多（详见表 4.1），在湖南省境内的大小河流（河长大于5 km）共有 2 157 条，其中流域面积大于 10 000 km^2 的支流有 3 条，流域面积在 1 000～10 000 km^2 的支流有 14 条。干流两岸呈不对称羽毛形态，其中右岸面积 67 816 km^2，占总流域面积的 71.2%，流域面积超过 10 000 km^2 的三大支流潇水、耒水和洣水均分布在右岸；左岸流域面积为 27 344 km^2，只占总流域面积的 28.8%，流域面积大于 1 000 km^{2}的主要支流有 7 条分布在左岸，其中涟水为最大，集水面积为 7 155 km^2。

表 4.1　湘江干流及主要支流基本情况表

河流名称	集水面积/km^2	河长/km	落差/m	平均坡降/(‰)
干流	94 660	856	115	0.13
潇水	12 099	354	269	0.76
耒水	11 783	453	349	0.77
洣水	10 305	296	299	1.01
春陵水	6 623	223	169	0.76
蒸水	3 470	194	105	0.54
芦洪江	1 069	80	176	2.20

续表

河流名称	集水面积/km²	河长/km	落差/m	平均坡降/(‰)
祁水	1 685	114	—	—
白水	1 810	117	—	—
宜水	1 056	86	198	2.30
渌水	5 675	166	81	0.49
涟水	7 155	224	103	0.46
沩水	2 430	144	167	1.16
涓水	1 764	103	84	0.82
浏阳河	5 960	222	127	0.57
捞刀河	2 543	141	110	0.78
紫溪河	1 011	72	328	4.56

永州萍岛以上河段为湘江上游，长 252 km。灵渠以上山势陡峻，其他河段呈中低山地貌，河谷一般呈"V"形，河宽 110～140 m，平均坡降 0.61‰。河床多岩石，滩多流急，流量及水位变幅较大，具有山区河流的特性，其间汇入的较大支流有灌河、紫溪河、石期河等。

永州萍岛至衡阳河段为湘江中游，长 278 km，河宽 250～600 m，平均坡降 0.13‰。河床多为卵石、礁石，滩多水浅，具有丘陵地区河流的特性，其间汇入的较大支流有潇水、春陵水、芦洪江（应水）、祁水、白水、归阳河、宜水、粟水等。

衡阳至濠河口河段为湘江下游，长 326 km。沿河多冲积平原和低矮丘陵，河谷开阔，河道蜿蜒曲折，河宽 500～1 000 m，平均坡降 0.05‰。河床多砂砾，间有部分礁石，浅滩较多，流量大，水流平缓，具有平原河流的特性，期间汇入的较大支流有耒水、蒸水、洣水、涟水、靳江河、浏阳河、捞刀河等。

3. 径流

湘江径流主要来源于降雨，年内分配不均匀，3～7 月径流量占全年的 66.6%，其中 5 月最大，占全年的 17.3%；8 月～次年 2 月径流量占全年的 33.4%，其中 1 月最小，仅占全年的 3.3%。湘江枯水径流一年中出现两次，第一次是 10 月～次年 2 月的冬季枯水，这 5 个月径流量只占年径流量的 21.2%；第二次是夏季内短暂的枯水。湘江归阳站、衡阳站、衡山站、湘潭站的年均、月均径流量详见下表 4.2。

表 4.2　湘江主要水文站的年均、月均径流量　　　　　（单位：m³/s）

站名	1 月	2 月	3 月	4 月	5 月	6 月	7 月	8 月	9 月	10 月	11 月	12 月	全年
归阳站	310	563	823	1 477	1 826	1 443	889	647	396	336	384	294	782
衡阳站	522	901	1 410	2 620	3 160	2 780	1 230	1 050	805	575	650	544	1 354
衡山站	651	1 110	1 730	3 150	3 760	3 430	1 510	1 290	999	726	812	676	1 654
湘潭站	941	1 456	2 322	3 758	5 029	4 111	2 285	1 047	1 292	1 047	1 040	877	2 100

4. 水位及流量

根据湘江老埠头站、归阳站、衡阳站、衡山站、株洲站、湘潭站、长沙站 7 个主要水文站资料的统计分析，湘江水位及流量有如下变化规律。

（1）洪枯水位变化较大，变幅达 11.63～17.25 m，衡阳站最大，衡阳站以下呈递减趋势。具体情况见下表 4.3。

表 4.3　湘江中下游各水文站水位变幅统计　　　　　（单位：m）

项目	老埠头站	归阳站	衡阳站	衡山站	株洲站	湘潭站	长沙站
最高水位	104.35	77.40	58.14	51.23	42.55	39.64	36.90
最低水位	92.72	64.22	40.89	37.03	27.83	25.42	23.43
变幅	11.63	13.18	17.25	14.20	14.72	14.22	13.47

（2）衡阳站以下流域面积急剧增大，多年平均流量也成倍增加。

衡阳站以下大水年下游各地的相应洪峰流量变幅不大，具体见下表 4.4。

表 4.4　湘江水文站流量特征变化表　　　　　（单位：m³/s）

项目	老埠头站	归阳站	衡阳站	衡山站	株洲站	湘潭站
最大流量	14 700	13 300	18 100	18 400	19 900	20 300
出现时间	1976-07-10	1976-07-10	1978-05-19	1978-05-19	1968-08-27	1968-08-27
最小流量	23.8	23.5	30.0	58.2	101.0	100.0
出现时间	1966-10-07	1966-10-07	1966-10-02	1966-10-04	1966-09-28	1966-10-06
多年平均流量	782	798	1 350	1 650	1 830	2 110

（3）湘潭站以下河段 7～9 月受洞庭湖洪水顶托，水位有所抬高。洞庭湖水位越高，顶托的影响越大，这种影响在湘江下游流量较小时，非常明显，随着湘江下游流量的加大，洞庭湖顶托影响逐渐减弱。以湘阴站水位为参照分析长沙站、湘潭站两站的水位，

见下表 4.5 和表 4.6。

表 4.5　湘江下游流量 350 m³/s 时，长沙站、湘潭站两站顶托统计表

湘阴站水位/m	长沙站受顶托后的抬高水位/m	湘潭站受顶托后的抬高水位/m
31.0	4.40	2.68
29.0	2.54	0.94
27.0	0.84	0.00

表 4.6　湘阴站 30.0 m 水位时，长沙站、湘潭站两站顶托统计表

湘江下游流量/（m³/s）	长沙站受顶托后的抬高水位/m	湘潭站受顶托后的抬高水位/m
200	3.80	2.12
500	3.14	1.56
2 500	1.24	0.43
3 500	0.65	0.00

5. 泥沙

湘江泥沙主要来自降水（尤其是暴雨）对表土的侵蚀，汛期河流含沙量最大，且含沙量、侵蚀模数、水沙比自上游往下游不断增大。水土流失现象也从上而下逐渐加剧。湘江多年平均侵蚀模数在 $100\sim600$ t/km²。根据老埠头站、衡阳站、湘潭站三站的实测资料分析，老埠头站至衡阳站区间来水含沙量，比老埠头站以上来水含沙量大 92%，衡阳站至湘潭站区间来水含沙量又比衡阳以上大 51%，比老埠头站至衡阳区间大 18%。湘江老埠头站、衡阳站、湘潭站三站有关泥沙特征值统计见表 4.7，衡阳站、湘潭站两站多年平均悬移质颗粒级配情况见表 4.8。

表 4.7　湘江老埠头站、衡阳站、湘潭站三站实测悬移质泥沙统计表

项目	老埠头站	衡阳站	湘潭站
控制面积/km²	21 341	52 150	81 638
多年平均侵蚀模数/（t/km²）	79	111	129
多年平均输沙量/（kg/m³）	0.09	0.14	0.16
最大断沙/（kg/m³）	—	1.86	2.18
发生时间	—	1985-05-30	1986-08-29
最小断沙/（kg/m³）	—	0	0
发生时间	—	1989-09-25	1957-01-01

表 4.8　衡阳站、湘潭站多年平均悬移质颗粒级配成果表

站名	平均小于某粒径沙重百分比/%								中数粒径 /mm	平均粒径 /mm	最大粒径 /mm
	粒径级/mm										
	0.005	0.010	0.025	0.050	0.10	0.25	0.50	1.0			
衡阳站	17.4	25.5	42.1	67.3	95.9	99.1	100.0	—	0.033	0.044	1.46
湘潭站	22.3	37.4	61.1	82.3	97.9	97.9	99.8	100.0	0.018	0.037	1.48

6. 洪水

湘江流域面积大，雨量丰沛，河网密布，水系成树枝状，呈南北向分布，干流中下游洪水过程多为肥胖单峰型。湘江流域的洪水主要由气旋雨形成，洪水时空变化特性与暴雨特性一致，每年 4～9 月为汛期，年最大洪水多发生于每年 4～8 月，其中 5、6 两月出现次数最多。

4.2.4　社会经济

湘江是长江的重要支流，是湖南省的母亲河，是湖南省人民赖以生存和发展的重要基础。湘江流域也是湖南省最发达的区域，流域面积占全省总面积的 40.3%，跨永州市、郴州市、衡阳市、娄底市、株洲市、湘潭市、长沙市、岳阳市 8 个市，流域内城镇密集、人口众多、工业集中。湘江流域主要集中在湖南省境内，截至 2013 年，湖南省流域内人口 3 306 万人，地区生产总值 16 222 亿元，分别占流域总数比例的 92.3%、97%。湘江流域集饮用、灌溉、渔业、航运、工业用水、纳污等多功能于一体，是湘江流域居民生活及工农业生产的重要的保障。目前，沿湘江共设有 110 余个集中式饮用水取水口，约 2 000 万人以湘江水体作为直接饮用水源；沿湘江 2 000 万亩①耕地以湘江为直接灌溉水源；湘江自永州萍岛至岳阳城陵矶已全部成为航道，其中湘江萍岛至衡阳 278 km 航段为 IV 级标准，衡阳至城陵矶 439 km 航段为 III 级标准。

4.3　水电工程建设情况

4.3.1　流域水电开发总体情况

湘江流域水力理论蕴藏量 4 854.3 MW。水电站技术可开发量 513 座，装机容量 3 828.1 MW，年发电量 150.63 亿 kW·h；经济可开发量 416 座，装机容量 3 558.2 MW，

---

① 1 亩≈666.7 m²。

年发电量 139.13 亿 kW·h，其中湖南省、广西壮族自治区、江西省技术可开发量和经济可开发量分别为 3 557.2 MW、3 297.7 MW；257.2 MW、250.8 MW；13.8 MW、9.8 MW。其中干流可开发量 9 座，装机容量 784.0 MW，年发电量 35.82 亿 kW·h[全国水力资源复查成果（2003 年）]。目前已全部建成，详见表 4.9。

表 4.9   湘江干流梯级开发相关数据

梯级名称	建设地点	距河口里程/km	控制流域面积/km²	多年平均流量/(m³/s)	开发方式	正常蓄水位/m	调节性能	利用落差（最大/最小水头，m）	综合利用	坝型
太洲水电站	湖南省冷水滩区	634.71	9 172	294	坝式	125	季调节	28	航运/防洪	拱坝
潇湘水电站	湖南省冷水滩区	594.29	21 590	533	坝式	97	日调节	10.7/9	航运	斜墙堆石坝
浯溪水电站	湖南省祁阳市	547.55	23 380	651	坝式	88	日调节	11.7/9.2	航运	重力坝
湘祁水电站	湖南省祁东县	487.15	27 160	782	坝式	75.5	日调节	8.99/3	航运	重力坝
近尾洲水电站	湖南省衡阳县	432.04	28 600	757	坝式	66	日调节	10/3	航运	重力坝
土谷塘航电枢纽	湖南省衡阳县	376.24	37 040	1 010	坝式	58	日调节	11.2/1	航运	重力坝
大源渡航电枢纽	湖南省衡山县	270.93	—	—	坝式	50	日调节	11.24/3	航运	—
株洲航电枢纽	湖南省株洲市	193.18	66 002	1 720	坝式	40.5	日调节	11.3/3	航运	心墙堆石坝
长沙综合枢纽	湖南省长沙市	72.31	82 167	2 060	坝式	33.6	日调节	9.3/2	航运	重力坝

4.3.2   各梯级概况

1. 太洲水电站

位于永州市芝山区境内，坝址位于芝山区的长塘埠，是湘江干流（湖南段）的首个梯级水电站，坝址控制流域面积 9 172 km²，多年平均流量 294 m³/s，正常蓄水位 125 m，相应库容 10.08 亿 m³，库容系数 0.082，电站装机容量 108.0 MW，保证出力 19.5 MW，年发电量 4.30 亿 kW·h，改善航道 71 km。

枢纽工程设计标准为大（1）型，500 年一遇洪水设计，5 000 年一遇洪水校核。大坝选用混凝土重力坝及土坝坝型，坝线总长 1 186 m，最大坝高 40.9 m。其中溢流段长 190 m，设 16 孔 10 m×9 m 的弧形闸门，溢流堰顶高程 116 m，下游采用底流消能。消力池底板高程 89.6 m，池长 70 m。溢流段在左右侧分别接长 352 m、144 m 的非溢流混凝土重力坝。水电站布置在右侧河床深槽部位，厂内设 3 台水轮机发电机组，单机容量 36.0 MW。

2. 潇湘水电站

位于湘江干流的永州市冷水滩区宋家洲河段，是湘江干流 9 级开发的第二个梯级水电站。潇湘水电站最大坝高 28 m，坝顶高程 104 m，坝顶长度 370 m，正常蓄水位 97 m，水面面积 40 km²，正常蓄水位时有效库容 0.85 亿 m³，为闸坝径流式水电站。水电站位于主坝左侧，平均水头 7.2 m，装机 4 台，装机容量 52 MW，年发电量 2.15 亿 kW·h，保证出力 6.6 MW。溢流坝段位于主坝右侧，长 324 m，设有 27 个溢流孔，孔高 12 m，宽 8 m，弧形钢闸门控制，闸顶高程 89 m。副坝位于左岸（河西），为黏土斜墙沙砾石壳坝，最大坝高 22 m，坝顶长度 296 m。船闸位于左岸，年最大通航能力为 70 万 t。闸坝顶设有 20 m 宽的公路桥，是联系永州市冷水滩区东、西城区的重要交通枢纽。

潇湘枢纽工程具有发电、航运、交通、灌溉、城市供水、土地及房产开发、旅游等综合效益。潇湘枢纽工程为三等工程，主要建筑物有拦河坝、溢流坝、船闸、厂房。船闸属六级，闸室尺寸 12 m×120 m。水电站主厂房长 70.5 m，装四台灯泡贯流式水轮发电机组，单机引用流量 250.9 m³/s。设计洪水重现期为 50 年一遇，校核洪水重现期为 500 年一遇。

3. 浯溪水电站

坐落于湘江中上游的祁阳市浯溪公园上游约 600 m 处，交通十分便利。浯溪水电站工程属大江大河低水头、大流量河床式水电站。整个水电站工程由水库大坝、厂房、通航船闸、接入系统四大部分组成。工程设计洪水按 50 年一遇，设计总库容 1.778 亿 m³。水库主体大坝选用闸坝组合形式，即由 13 扇（20 m×12.5 m）闸门组成，最大坝高 28 m，坝顶长 1 369 m。

浯溪水电站工程是湖南省重点工程，概算总投资 12.38 亿元。工程位于湘江干流中游上段祁阳市浯溪碑林公园上游 800 m 处，是湖南省境内湘江干流规划中的第三级，坝址控制流域面积 23 380 km²，年径流量 220 亿 m³，总库容 2.78 亿 m³，水电站总装机容量 100 MW，多年平均发电量 3.955 亿 kW·h。

2011 年 6 月 16 日，浯溪水电站 4 号机组正式并网发电。这标志着经过 6 年建设的浯溪水利水电枢纽开始全面发挥发电、防洪、旅游、航运、交通等综合效益。

4. 湘祁水电站

规划安装 4 台贯流式机组，总装机容量 80 MW，多年平均发电量 3.18 亿 kW·h，最大坝高 23 m，挖填土石方 92.18 万 m³，砼及钢筋砼 25.9 m³。项目总投资约 10 亿元，祁东县人民政府于 1985 年 12 月委托湖南省水利水电勘测设计研究总院对枢纽工程进行可行性研究分析，

1996 年 6 月,《归阳水利水电枢纽可行性研究报告》编制完成,2009 年开工建设。

5. 近尾洲水电站

位于湘江干流中游衡阳市境内,下游距衡阳市 75 km,是湘江干流规划中九个梯级开发的第五级,属低水头河床式水电站,工程以发电为主,兼有航运、灌溉等综合效益。近尾洲坝址以上控制流域面积 28 600 km²。坝址多年平均径流量为 237 亿 m³,水库正常蓄水位66.0 m,相应库容 1.54 亿 m³,总库容 4.60 亿 m³,属日调节水库。水电站总装机容量 63.18 MW,保证出力 10 MW,年发电量 2.924 亿 kW·h。

近尾洲水电枢纽工程主要由大坝、厂房和船闸组成。枢纽布置从左至右依次为左岸混凝土重力坝、河床式厂房、左岸重力式连接坝段、22 孔溢流闸坝、右岸重力式连接坝段、船闸和右岸土坝等建筑物,坝顶高程 74.00 m,最大坝高 24 m,坝顶全长 810 m。

泄水建筑物为 22 孔溢流闸坝,采用底流消能(大流量为面流),布置在河床中间,最大坝高 24.0 m,坝长 361.00 m,#1～#6 孔为平底闸,#7～#22 孔为实用堰。其中中间 8孔(#7～#14)为先启孔,下游设有综合式消力池;其余各孔为后启孔,下游设有平底消力池。消力池下游均设有抛石(或混凝土)海漫。22 孔闸坝均设有弧形钢闸门,由液压启闭机启闭;上游两扇检修门为叠梁门,由坝顶门机启闭。

河床式厂房布置在河床左侧,主厂房全长 55.00 m,厂内安装 3 台单机容量为21.60 MW 的灯泡贯流式水轮发电机组。通航建筑物为单级船闸,由上游引航道、上闸首、闸室、下闸首及下游引航道等建筑物组成,布置在河床右侧,全长 410.0 m。闸室有效尺寸为 120 m×12 m×2.5 m(长×宽×槛上水深),设计年货运量 242 万 t。左岸岸坡采用混凝土重力坝与厂房相连。右岸岸坡采用土坝及混凝土重力坝与船闸相接。

近尾洲水电站枢纽工程于 1994 年 9 月开工,1997 年 9 月因故停工,1999 年 12 月 26日工程复工,2000 年 12 月 15 日下闸蓄水,2001 年 3 月 26 日因库区移民和施工需要,水库放空;2002 年 1 月 18 日水库第二次蓄水,2002 年 3 月 1 日 3 台机组全部投产发电,2002 年 7 月工程主体部分全部完成,2002 年 10 月竣工。

6. 土谷塘航电枢纽

位于湘江中游、衡阳市区南部,主要工程包括年通过能力 1 420 万 t 的千吨级船闸、总装机容量 90 MW 水电站一座,17 孔泄洪闸、枢纽湘江大桥一座(长 1 100 m,宽 15 m)、坝顶工作桥、鱼道、部分航道整治工程等,同时配套建设常宁松柏港、衡南云集港两个千吨级码头和湘江航电枢纽群联合调度中心。其中,船闸为通航千吨级船舶的单级单线船闸,能通行一项四艘千吨级驳船的船队,设计通过能力 1 420 万 t/年。土谷塘航电枢纽工程上距近尾洲水电枢纽 50 km,下距大源渡航电枢纽 101 km。于 2010 年 12 月 30 日开工,建设总投资 25.8 亿元,建设周期 44 个月。

根据《湘江干流航道发展规划》(2007 年)的航道等级和标准,建设土谷塘航电枢纽,渠化大源渡航电枢纽库尾至近尾洲水电枢纽之间的碍航河段,使湘江千吨级高等级航道向衡阳以上延伸 70 km 至世界铅都、工业重镇——常宁市水口山，中水期可延伸至潇湘水电站下游的永州市冷水滩，可极大地改善湘江中游河段的航道条件，对促进湘江中上游地区经济的发展起巨大的作用。同时，建设土谷塘航电枢纽，消除了湘江干流千吨级航道的瓶颈，有利于促进湘桂运河的建设。

土谷塘航电枢纽工程的建设是加快湘江高等级航道建设、促进湘江航运发展的需要。项目建成后，消除了大源渡航电枢纽和近尾洲水电枢纽之间的"瓶颈"航道。为湘江高等级航道延伸至永州萍岛创造必要条件，为远期建设湘桂运河，沟通长江和珠江两大水系，打通湖南省第二条水路出海通道创造条件。同时，此项目建成后，进一步改善了湘江中游的通航条件，完善了衡阳县、永州市及周边地区的综合运输体系，促进了地方经济的快速发展和对外交流。且通过水资源的综合开发，使湘江近尾洲坝下至城陵矶河段全线达到千吨级航道标准。

7. 大源渡航电枢纽

位于衡山县，距衡阳市 62 km，是湘江衡阳至城陵矶 439 km 千吨级航道的第一个以电养航的航电枢纽工程。渠化航道 62 km，改善航道 120 km。

坝址控制流域面积 5.32 万 km²，坝址河面宽约 600 m，多年平均径流量 441 亿 m³，多年平均流量 1 400 m³/s，实测最大流量 18 400 m³/s，调查历史洪水流量 22 400 m³/s，多年平均输沙量 656 万 t。河段处于一个大河湾处，左岸为凸岸，台地开阔；右岸为凹岸，台地狭窄。坝址基岩由板溪群系五强溪组灰绿色砂质、粉砂质和硅化砂质板岩组成，节理裂隙密集，软弱夹层发育；岩层倾向左岸偏下游，倾角 60°。

枢纽工程由混凝土闸坝、河床式厂房、船闸及土质副坝组成，总长度为 1 516 m。水库正常蓄水位 50.00 m，正常蓄水位以下库容为 4.51 亿 m³，闸坝设计洪水标准为 50 年一遇洪水，洪峰流量 21 700 m³/s；校核洪水标准为 500 年一遇洪水，洪峰流量 27 900 m³/s。最大坝高 32.5 m，闸坝总长 533 m，共设 23 孔，布置于河床内，孔口尺寸为 20 m×11 m 的有 15 孔，20 m×13 m 的有 8 孔，露顶式弧形门，自动控制液压启闭。厂房布置于右岸，主厂房平面尺寸 124.7 m×60.53 m×41.5 m，主厂房净跨 18 m，标准机组段长 21.4 m。流道进、出口宽度 15 m。厂房安装 4 台 30 MW 灯泡贯流式水轮发电机组，总装机容量 120 MW，年均发电量 5.85 亿 kW·h。水轮机直径 7.5 m，定子直径 9 m。机组总长 17.77 m，机组最大运行水头 11.24 m，最小运行水头 2 m，额定水头 7.2 m，额定流量 472.1 m³/s，额定转速 65.2 r/min，飞逸转速 200 r/min。在多雨地区首次采用厂房活动屋盖（活动、手动），尺寸为 10 m×15 m 和 30 m×15 m，吊物孔共 6 个，尺寸为 9.2 m×14 m，利用坝顶 2 000 kN 门机从屋顶进行主机安装，降低了厂房高度。水电站清污机集清污、输污、拦污栅吊置于一体。船闸布置于左岸台地，单级船闸尺寸 180 m×23 m×3 m。运河全长 2 300 m，为凸岸裁弯取直，旱地施工，保证了施工期通航。水库蓄水期断航时间为 45 天。

大源渡航电枢纽于 1995 年 12 月动工兴建，历时五年，于 2000 年 6 月全部建成投产。坝顶公路总长 679 m，它连接了衡山县、衡东县的交通，给两岸百姓带来了极大的方便。

8. 株洲航电枢纽

枢纽工程是"十五"跨"十一五"建设项目，工程于 2002 年 8 月开工建设，2007 年全部建成。航电枢纽位于株洲市境内，上距大源渡航电枢纽 96 km，下距长沙综合枢纽 135 km。枢纽总库容 12.45 m³，水电站装机容量 140 MW，工程总投资 19.47 亿元。枢纽建有一线 1 000 t 级船闸，船闸有效尺度 180 m×23 m×3.5 m（长×宽×门槛水深，下同），船闸设计年双向通过能力 1 260 万 t。航电枢纽建成后，库区航道由建库前的通航 300 t 级船舶的 V 级航道标准提高到通航 1 000 t 级船舶的 III 级航道标准。

9. 长沙综合枢纽

枢纽工程为低矮开敞式闸坝、径流式水电站、槽蓄型水库。长沙综合枢纽运行与上游株洲航电枢纽联合调度，汛期当入库流量小于或等于水电站最大引用流量时，库水位维持正常水位，水电站按天然来水发电；汛期当入库流量大于最大引用流量时，水库开始逐步开启闸门泄洪。当水电站水头小于 3 m 时，则停机，枢纽完全进入引洪度汛状态。枯水期，当坝址下游江段通航水深不足时，可和上游株洲航电枢纽联合调节补偿下游通航流量。

当正常蓄水位 31.0 m 时，香炉洲坝址至株洲航电枢纽库区湘江干流长 124.4 km；支流浏阳河 45.16 km，捞刀河 28.31 km，涟水 34.94 km，涓水 13.57 km，渌水 3.46 km，总计库区河流长度 249.84 km。相应水面面积 132.8 km²，库容 8.12 亿 m³，库区死水位 30.0 m，调节库容 1.3 亿 m³。

水库运行方式为：当库区日平均流量小于水电站引用流量 1 976 m³/s 时，全部来水流量用于发电；当库区来水流量大于最大发电流量而小于正常蓄水位时的泄洪能力时，通过控制闸门泄出多余水量，以维持水库水位不超过正常蓄水位；当水头小于发电最小水头要求时，水电站机组停止发电，通过控制闸门泄洪。

4.4　湘江鱼类洄游通道恢复需求分析

4.4.1　湘江鱼类资源概况

1. 鱼类种类

湘江流域鱼类资源丰富。湘江水系鱼类共有 155 种，隶属于 10 目 24 科 94 属，约占长江水系的鱼类总种数（370 种）42%。鲤形目是湖南省最主要的类群，有 107 种，占该地区鱼类总种数的 69.0%；其次是鲇形目和鲈形目，分别为 19 和 18 种。鲤科鱼类最为丰富，有 89 种，占该地区鱼类总种数的 57.4%；其次是鳅科和鳅科，均有 11 种，各占该地区鱼类总种数的 7.1%；其余 21 科的种数较少，共计有 44 种，占该地区鱼类总种数的 28.4%。

　　湖南省地方重点保护野生动物名录一共列出了 4 目 11 科 27 种保护鱼类（表 4.10），这些鱼类绝大多数分布在湘江水系。在这 27 种地方保护鱼类中，属于国家重点保护野生动物名录一级种类 1 种、二级保护种类 1 种，列入 IUCN 红色目录（1996）1 种，列入 CITES 附录二（II）1 种，列入中国濒危动物红皮书（1998）6 种。

表 4.10　列入各级保护名录的鱼类名录

目	科	鱼名	名录类别				
			R	I	C	N	P
鲟形目	鲟科	中华鲟 *Acipenser sinensis*	V	EN	II	I	Y
鲱形目	鲱科	鲥 *Macrura reevesi*	E				Y
	鳀科	刀鲚 *Coilia ectenes*					Y
鲑形目	银鱼科	太湖新银鱼 *Neosalanx taihuensis*					Y
鲤形目	胭脂鱼科	胭脂鱼 *Myxocyprinus asiaticus*	V			II	Y
	鳅科	长薄鳅 *Leptobotia elongate*	V				Y
		衡阳薄鳅 *Leptobotia hengyangensis*					Y
	鲤科	鳡 *Leuciobrama macrocephalus*	V				Y
		鳤 *Ochetobius elongatus*					Y
		中华倒刺鲃 *Spinibarbus sinensis*					Y
		白甲鱼 *Onychostonua asima*					Y
		稀有白甲鱼 *Onychostonua rara*					Y
		吉首光唇鱼 *Acrossocheilus jishouensis*					Y
		瓣结鱼 *Tor breviftlis*					Y
		湘华鲮 *Sinilabeo tungting*					Y
		泸溪直口鲮 *Rectoris luxiensis*					Y
		湖南吻鉤 *Rhinogobio hunanensis*					Y
		湘江蛇鉤 *Saurogobio xiangjiangensis*					Y
		洞庭小鳔鉤 *Microphysogobio tungtingensis*					Y
		岩原鲤 *Procypris rabaudi*					Y
	平鳍鳅科	厚唇原吸鳅 *Protomyzon pachychilm*					Y
鲇形目	胡子鲇科	胡子鲇 *Clarias fuscus*					Y

续表

目	科	鱼名	名录类别				
			R	I	C	N	P
鲈形目	鮨科	波纹鳜 *Siniperca undulata*					Y
		暗鳜 *Siniperca obscura*					Y
		长身鳜 *Siniperca roulei*	V				Y
	攀鲈科	叉尾斗鱼 *Macropodus opercularis*					Y
	鳢科	月鳢 *Channa asiatica*					Y

注：I：IUCN（1996）；C：CITES（1997）；R：RDB（中国濒危动物红皮书，1998）；N：国家重点保护野生动物名录；P：省级保护动物

2. 产卵场

湘江蕴藏着丰富的鱼类资源，也是四大家鱼等鱼类的重要产卵场之一（刘建康和曹文宣，1992）。四大家鱼产卵场主要分布在零陵至衡限一带，常宁柏坊至菱河口约 18 km 江段为主要的产卵场，下游的衡阳至湘潭江段也有产卵场分布。历史上湘江捕捞四大家鱼鱼苗数量最高的年份是 1959 年，达到 40 多亿尾，20 世纪 70 年代年平均捕捞四大家鱼鱼苗数量仍有 24 亿尾。长江和湘江是洞庭湖渔业资源补充的两大来源（金球林和何兴春，1994）。因此，湘江的鱼类资源的盛衰不仅影响湘江的渔业产量，而且关系到洞庭湖的鱼类资源增殖（陈锡涛和唐家汉，1982）。

洞庭湖位于长江中下游荆江南岸，湖南省北部，地理位置为 $27°39'N \sim 29°51'N$，$111°19'E \sim 113°34'E$，当城陵矶水位 33.5 m 时，湖面面积为 2 625 km^2。洞庭湖是我国第二大淡水湖泊，它由东、南、西三个湖泊群组成，西北有长江三口（松滋口、太平口、藕池口）分泄长江枝城段的洪水，东南、西南有湖南四水（湘江、资江、沅江、澧水）灌注，由东北唯一出口城陵矶注入长江，是长江流域最大的过水性湖泊。历史资料显示，洞庭湖拥有鱼类 117 种，近 10 年来，共监测到的鱼类有 111 种，分属 12 目 21 科，是长江流域重要的鱼类、水生生物种质资源库和鱼类原种供应地。

目前，我国五大淡水湖中只有洞庭湖、鄱阳湖仍与长江保持通连。湖南四水鱼类资源通过洞庭湖与长江进行互相交流。因此，洞庭湖以其特有的地理位置和分流调蓄功能，使长江、洞庭湖、湖南四水构成了一个庞大的、有机的江-湖生态系统。四大家鱼具有江湖洄游的习性，洞庭湖是其主要摄食肥育场所，幼鱼在湖内成活率高、生长迅速，特别是 5、6 月繁殖的草鱼和青鱼，在洞庭湖内当年 11 月即可达到 $0.5 \sim 1.0$ kg。洞庭湖内四大家鱼种群完全依赖于湘江和长江的鱼苗来补充。

根据湖南省渔业环境监测站 1997～2006 年连续 10 年的监测数据，洞庭湖四大家鱼资源变化具有如下特征：渔获量在逐年减少，渔获物比例也在逐年减小，四大家鱼在渔

获物中的比例由 1963 年的 21%下降到 2006 年的 6.61%。

洞庭湖是长江流域最大的四大家鱼种质资源和种群规模维系区域，其四大家鱼鱼苗来源于长江干流的荆江以上河段和湘江的中下游河段。在长江干流，三峡水库的蓄水，严重影响了长江干流中游四大家鱼的繁殖，使由松滋河漂流进入洞庭湖的鱼苗资源减少了 90%以上。因此，湘江产卵场繁殖的鱼苗对洞庭湖及长江四大家鱼资源的补充作用将会显得越来越重要。

另外，湘江原种具有明显的生长优势，刘安民（1996）曾做对比试验，经过 165 天饲养，草鱼、鲢、鳙湘江原种比家孵鱼种净增率平均高 47.2%，净产高 244.4 kg/hm^2。因此，恢复湘江流域鱼类洄游通道，保护湘江的鱼类资源，具有十分重要的生态价值和经济价值。

3. 水产种质资源保护区

湘江流域分布有五个国家级水产种质资源保护区，占湖南省的 41.7%，占全国的 1.8%，具体见表 4.11。

表 4.11　湘江流域国家级水产种质资源保护区名录

第一批	湘江湘潭段野鲤国家级水产种质资源保护区
第三批	澧水源特有鱼类国家级水产种质资源保护区
第四批	浏阳河特有鱼类国家级水产种质资源保护区
	湘江衡阳段四大家鱼国家级水产种质资源保护区
第五批	湘江刺鲃厚唇鱼华鳊国家级水产种质资源保护区

这五个保护区中尤其值得关注的是湘江衡阳段四大家鱼国家级水产种质资源保护区，该保护区为 2010 年农业部第 1491 号公告颁布的第四批国家级水产种质资源保护区，范围包括湘江干流近尾洲至大源渡 150 km 江段及支流 25 km 江段，支流 25 km 江段包括常宁亲仁以下 10 km 的春陵江江段，衡阳白渔潭以下 10 km 的耒水江段，衡阳吊鹰岭大桥以下 5 km 的蒸水江段，水域总面积 4 900 公顷[①]。该保护区主要保护对象为青鱼、草鱼、鲢、鳙、鳡、鳤、鯮等江河半洄游鱼类，同时对黄尾鲴（*Xenocypris davidi*）、细鳞斜颌鲴（*Plagiognathops microlepis*）、湘华鲮、中华倒刺鲃、白甲鱼、长薄鳅、黄颡鱼、大眼鳜（*Siniperca kneri*）、波纹鳜、长身鳜、团头鲂（*Megalobrarma amblycephala*）等鱼类进行保护。其中鳤、鯮、湘华鲮、中华倒刺鲃、白甲鱼、长薄鳅、波纹鳜、长身鳜为湖南省重点保护物种，长薄鳅和长身鳜同时还是《中国濒危动物红皮书》收录种。保护区江段是我国四大家鱼三大产卵场之一的湘江四大家鱼产卵场分布区，现四大家鱼产卵场已萎缩，产卵场至长沙江段为受精卵孵化通道，其中，产卵场至大源渡江段为主要孵化江段。

---

① 1 公顷=10 000 m^2。

4.4.2　干流梯级开发对鱼类资源的影响

1. 对四大家鱼的影响

1）对资源量的影响

20 世纪 60 年代我国四大家鱼产卵场普查表明，湘江是我国四大家鱼三大产卵场之一，其产卵场主要分布在从常宁张河铺至衡阳香炉山、云集潭长达 88 km 的江段上。湘江四大家鱼产卵场以下江段直至洞庭湖的入口是四大家鱼受精卵的孵化江段。大源渡江段、株洲航电枢纽江段历史上为捞卵、捞苗江段。

大源渡航电枢纽、株洲航电枢纽库区形成后，水流变缓，坝前江段多为缓流水体，坝前区呈现出湖泊化特征。湘江四大家鱼产卵场从原来的 88 km 江段萎缩至现在的 39 km 江段，少见集中成批产卵，仅见零星产卵，库区江段四大家鱼在渔获物中的比例仅为 10.8%，产卵群体严重不足。大源渡航电枢纽建坝蓄水后，四大家鱼繁殖量明显减少，可以从湖南鱼类原种场的捞苗情况得以说明，1998 年捞苗数量出现拐点，四大家鱼鱼苗在捞苗中的比重从 1997 年的 39%突降为 1.3%，并连续三年未捞到鲢苗，其后三年鳙量亦极少见，6 年后稍有恢复，但所占比例仍很少，其后四大家鱼鱼苗的比例一直未能恢复到大源渡航电枢纽建坝前的水平。

同时，三峡工程建设运行后，长江通过长江三口进入洞庭湖的长江上游四大家鱼鱼苗急剧减少，据调查，历史上长江通过长江三口进入洞庭湖的四大家鱼鱼苗占洞庭湖四大家鱼鱼苗来源的 80%，长江四大家鱼来源大幅度减少，甚至消失，致使洞庭湖四大家鱼资源量下降，相应地，进入湘江的四大家鱼补充量也会下降。

1999 年衡阳市畜牧水产局开始实施定期人工增殖放流洄游四大家鱼鱼苗，1999 年和 2000 年向大源渡库区共放流了两批约 8 000 万尾四大家鱼鱼苗，以后逐年增加，直到每年放流体长 3 cm 以上四大家鱼鱼苗 2 亿尾以上，影响有所减缓。

2）对生活史的影响

大源渡大坝、株洲大坝造成了水生生物的生态阻隔，使四大家鱼等淡水洄游鱼类生境破碎。每年 4~6 月春夏之交，亲鱼沿长江洞庭湖至湘江四大家鱼产卵场产卵。大源渡大坝和株洲大坝泄水闸开闸泄洪，坝下流速一般在 0.8 m/s 以上，大于四大家鱼感应流速，坝前流速也在 0.3 m/s 以上，大于受精卵漂浮流速，坝下所聚集的少量亲本可上溯洄游，但洄游量与自然河流洄游量相比，相距甚远，这与捞苗统计情况相印证。所捞鱼苗，均为腰点平游苗，按 0.5 m/s 平均流速推算，产卵距离在 175 km 以上，而一旦开闸泄洪其平均流速则在 0.5 m/s 以上，故其产卵距离在 200 km 以上，说明泄洪时有亲鱼上溯。但从捞苗成色来看，从大源渡航电枢纽建成后，四大家鱼鱼苗所占比例小，从来没有恢复到建坝前的水平，说明从闸门通过的亲鱼有限。

2. 对产卵场的影响

大源渡航电枢纽、株洲航电枢纽相继建成后，库区河流形态和水文情势发生一定的变化。枯水季节，水库蓄水至正常蓄水位运行，水位抬高，流速降低，改变了原有河道的自然状态，库区水流变缓、水深增加、水体体积及水域面积增大，急流河段有所萎缩，河流的水动力学过程将发生一定的变化。尤其是坝前水域水深、面阔、水流稍缓，呈现"湖泊水动力学特征"，为水库湖泊段。库尾区域则接近原天然河流状态，水库坝前至库中虽流速变小但变化较小，具有河流水动力学特征。而丰水期，上游来水量增加，两航电枢纽库区库容有限，库区仍维持一定的流水特性，特别是洪水期间水库敞泄，库区江段基本恢复至天然状态，可为洪水期流水环境产卵的鱼类提供一定的繁殖条件，同时，洪水期水库敞泄，为成熟亲鱼上溯至产卵场繁殖提供了机会，对维持上游四大家鱼等产漂流性卵鱼类繁殖起一定的作用。

据相关调查，2 个航电枢纽工程建成前，湘江四大家鱼产卵场分布范围从云集（现在衡南县）到湘祈镇张家铺，长约 88 km 江段分布有 16 个产卵场。

大源渡库区长 99 km，洄水到云集镇，意味着 1983 年以前湘江四大家鱼产卵场不在大源渡航电枢纽、株洲航电枢纽工程区内分布，已有大源渡航电枢纽、株洲航电枢纽工程建设对四大家鱼产卵场所在河流形态与水文情势没有产生影响，但对库区产黏性卵、沉性卵鱼类生境产生一定影响。

依据 2010 年鱼类早期资源的调查，湘江分布有 8 个产漂流性卵鱼类产卵场，其中四大家鱼产卵场 4 个，即大源渡航电枢纽和株洲航电枢纽工程上游的大堡产卵场、柏坊产卵场、松江产卵场与株洲大坝坝下的渌口产卵场。与 1983 年以前四大家鱼产卵场相比较，产卵场总体位置未发生明显改变，依然以工程上游的库区为主。

根据 2010 年 4～5 月，株洲大坝坝下开展的鱼类早期资源调查结果，株洲大坝坝下产漂流性卵鱼类的产卵场有 3 个，分别是渌口产卵场、河口产卵场、坪塘产卵场。监测采获漂流性鱼卵鱼类包括蒙古鲌（*Culter mongolicus*）、赤眼鳟（*Squaliobarbus curriculus*）、细鳞鲴（*Xenocypris microlepis*）、黄尾鲴、蛇鮈、长蛇鮈（*Saurogobio dumerili*）、银鮈（*Squalidus argentatus*）、鲢、花斑副沙鳅（*Parabotia fasciata*），但未发现四大家鱼鱼卵。从产卵繁殖的技术参数分析，青鱼的产卵条件较易满足，所要求的涨水幅度不大，最小 0.01 m/d 也可刺激产卵，鳙产卵则要求刺激产卵的最小流速为 1.0 m/s 以上，株洲至濠河口有 171 km 流程，濠河口下游 20 km 左右的距离内仍可维持一定的流速（0.2 m/s 以上）。因此，理论上经过一个时期的适应后可能会在株洲大坝坝下形成新的四大家鱼产卵场，首先形成的将是青鱼产卵场。

3. 对鱼类资源的影响

1）对定居鱼类资源的影响

定居鱼类产卵场形成的前提一是初春时季洲滩裸露长草，二是在 3～5 月繁殖季节水能上洲淹没水草，只有这样，亲本才能上洲在有草的地方产卵，受精卵黏附在草上孵化。大源渡航电枢纽、株洲航电枢纽建成后，库区水位抬高，一些草洲、滩岛因淹没太深而无法形成黏性卵鱼类产卵场；而另一些洲滩由于初春水位的抬高不能裸露长草，造成产卵场的消失；库区也出现了新的产卵场（草洲），造成鲤鲫等定居鱼类产卵场的变迁。大坝的建成初期对鲤、鲫、黄颡鱼、鲇（*Silurus asotus*）等定居鱼类资源产生一些负面影响，但可逐步恢复。

2）对淡水洄游鱼类资源的影响

该类资源在湘江鱼类资源中占有较大比例，其产卵繁殖要有流水刺激，在湍流中产卵，但其卵或具黏性，或具油球浮性，其受精卵的孵化条件没有四大家鱼要求严格。如团头鲂、三角鲂（*Megalobrama terminalis*）、大鳍鳠（*Mystus macropterus*）、黄尾鲴、翘嘴红鲌（*Erythroculter ilishaeformis*）、蒙古红鲌（*Erythroculter mongolicus*）、大口鲇（*Silurus meridionalis*）、鳜（*Siniperca chuatsi*）等鱼类属于此类。大源渡航电枢纽、株洲航电枢纽建成后，水流趋缓，对这些鱼类产生一定的负面影响。大源渡大坝坝下、株洲大坝坝下由于发电所产生的水流，对近坝江段产卵场的影响不大，但远离坝下江段的水流趋缓，部分产卵场消失。对于淡水洄游鱼类资源的保护关键是要形成流水环境，只要具备水流条件就能产卵繁殖。

3）对鱼类种群数量的影响

大源渡航电枢纽、株洲航电枢纽建成后，因库区江段水面积和库容增加、水流变缓、营养物质滞留等，水体生物生产力提高、库区江段总鱼产量提高。但鱼类组成结构发生明显的变化，四大家鱼等淡水洄游鱼类资源天然捕捞渔获量下降，部分定居鱼类资源的捕捞量有较大程度的增加。

历史上，湘江是长江的主要支流之一，是洞庭湖的最大支流，蕴藏着丰富的鱼类资源，也是我国四大家鱼鱼苗的三大产区之一。自 20 世纪 50 年代以来，湘江鱼产量急剧下降，到 80 年代，已下降了 50%，近几年维持在 3 000 t 左右，渔获物种类结构也发生了明显的变化，珍稀、特有、洄游鱼类及重要经济鱼类比重显著下降，渔获物个体小型化；四大家鱼产卵场 60 年代达 88 km 江段，70 年代缩短为 75 km，80 年代缩短至 25 km，而目前为不连续的 35 km 江段；四大家鱼捞苗量 50 年代为 27 亿尾，60 年代为 15 亿尾，70 年代为 2 亿尾，80 年代为 1 亿尾左右，而目前在 1 000 万尾左右。虽然湘江流域鱼类资源下降趋势和长江中下游鱼类资源下降趋势相似，但湘江流域水电枢纽、航电枢纽工程的建设无疑对鱼类资源产生了较为明显的影响。特别是位于四大家鱼产卵场下游的大源渡航电枢纽、株洲航电枢纽工程，其阻隔影响导致洞庭湖成熟亲鱼难以上溯至产卵场进行繁殖，不仅对湘江鱼类资源产生了不利影响，而且对洞庭湖鱼类资源产生的影响也是不可忽视的。不过，航电枢纽特殊的调度运行方式，维持了湘江原有产卵场的少部分繁殖功能，通过建设大源渡航电枢纽鱼道、株洲航电枢纽鱼道和长沙综合枢纽鱼道，可以修复湘江中下游河流连通性并缓解阻隔影响，对原有江段产卵场繁殖规模的恢复有积极作用。

4. 对鱼类原种生产的影响

1）原种生产的重要意义

四大家鱼是中国淡水渔业的当家品种。中国的淡水渔业是从江河捞苗开始的，四大家鱼人工繁殖的成功，促进了淡水渔业的飞速发展，但淡水养殖业的发展又必须依靠江河捞苗或捞卵孵化持续提供原种。然而，系列大坝的相继建成，造成了四大家鱼原种供应紧张，繁殖亲本难以更新，近二十年来池塘养殖新的病害不断出现，防治药物的使用，又带来了众多水产品质量安全方面的隐患等，四大家鱼的种质退化都与这些因素有关，为此，农业农村部建设了一批国家级鱼类原种场，由原种场捞苗组织原种生产，保护、提供原种。因此，原种生产是中国淡水渔业发展的基础，是水产品质量安全的可靠保障，同时也是增殖放流、修复水域生物多样性功能、保护水域生态环境的一项基础性工程。

2）对湖南国家级鱼类原种场原种生产的影响

湖南国家级鱼类原种场于 1993 年建成投产，于 1994 年起在湘江捞苗生产四大家鱼原种，其原种主要供应湖南省及周边省份，近年来也向北方省份供应。国家级中华鳖（*Pelodiscus sinensis*）原种场于 1998 年建成投产。国家级湖南鲤原种场于 2006 年建成投产，也依赖湘江捞苗生产原种。

大源渡航电枢纽、株洲航电枢纽的建成已造成了沿江捞苗、捞卵业的消失，并已对四大家鱼原种生产造成了影响，近年来湖南国家级鱼类原种场捞苗量呈下降趋势。长沙综合枢纽的建成，势必造成湘江月亮岛—香炉洲捞苗江段的捞苗功能进一步受损，对四大家鱼的原种生产产生负面影响。原种生产不得不由捞苗培育转变为到上游捞受精卵进行孵化培育。

5. 对洞庭湖鱼类资源的影响

湘江和洞庭湖是一个相对稳定的江、湖复合生态系统，特别是对淡水洄游的四大家鱼来说是完成生活史的重要生境。在洞庭湖性成熟后的亲鱼洄游到湘江上游，在江水湍流处，形成产卵群体进行产卵繁殖，受精卵随水漂流孵化，种苗在洞庭湖肥育。因此，洞庭湖四大家鱼能否上溯到湘江生殖洄游，以及繁殖的种苗能否顺利下行到洞庭湖肥育直接影响洞庭湖四大家鱼的资源量。由于大坝阻隔，将影响四大家鱼从洞庭湖至湘江的上溯生殖洄游和越冬洄游，多级大坝阻隔将直接影响产卵场的亲鱼群体补充。

洞庭湖是鱼类种质资源库，1963 年四大家鱼、鳜、鲴等江河半洄游鱼类占捕捞量的32%，四大家鱼占捕捞量的 21%。目前，江河半洄游鱼类资源已呈衰退状态，四大家鱼产量比例呈下降趋势。梯级建设将使江湖鱼类交流减少，定居鱼类比例增加。

6. 梯级开发的累积影响

土谷塘航电枢纽工程江段位于湘江中游地段，其鱼类种类数量较丰富，历史上是四大家鱼等产漂流性卵鱼类的重要产卵场较为集中的河段。从湘江流域鱼类区系分布的情况看，下游江湖洄游鱼类从洞庭湖沿湘江上溯索饵繁殖，在近尾洲江段、土谷塘江段繁殖的受精卵、幼鱼顺水降河至湘江下游甚至洞庭湖肥育。因此，湘江是四大家鱼等产漂流性卵鱼类及流水产黏沉性卵鱼类的产卵场所，是鱼类洄游通道。

随着湘江梯级的相继建设，鱼类上下游交流的通道受阻隔影响，湘江产卵场和鱼类洄游通道的功能已大为减弱。已建近尾洲水电站、大源渡航电枢纽、株洲航电枢纽等工程已造成鱼类栖息空间萎缩，影响四大家鱼等亲鱼向上迁徙生殖洄游、种苗及成鱼下行，资源量有所下降，从湘江月亮岛 1994～2008 年捞苗量得到佐证。长沙综合枢纽、土谷塘航电枢纽的建设，使得河流进一步破碎化，进一步加剧湘江鱼类的阻隔，栖息空间更加萎缩，资源量也会进一步衰退，对评价区域的鱼类产生更为不利的影响。

不过，湘江的各级枢纽，洪水期闸门全开进行畅泄，河道恢复原河流状态，并有一定敞泄时间供鱼类洄游。对湘祁水电站、近尾洲水电站、土谷塘航电枢纽、大源渡航电枢纽、株洲航电枢纽及长沙综合枢纽进行统一调度、建立一种统一协调的机制、恢复河流的连通性、保护湘江鱼类资源具有重要意义。

4.5　湘江鱼类洄游通道恢复思路

1. 从鱼类生态学角度分析洄游需求

鱼类洄游通道恢复的关键是弄清鱼类的生态需求，因此要重点开展鱼类行为生态学调查和研究。通过监测，对湘江流域鱼类的分布、洄游规律、演变趋势和对环境的响应模式进行评价。在此基础上，利用多学科的评估模型对全流域各种鱼类洄游通道恢复的可行性进行论证。

2. 针对水电工程特点设计过鱼设施

适应于水工建筑物和鱼类行为生态特点的过鱼设施技术是实现洄游通道恢复的保证，因此要针对湘江流域不同水工建筑物类型开展过鱼技术研发。通过调研和模型试验，分析不同类型大坝过鱼设施的方案及可行性，确定各类型过鱼设施的设计水位、设计流速、进口的布置、设施的主要尺寸、出口结构、诱鱼设备、过鱼计数设备、运输设备等的设计参数。

3. 建立集数据管理、分析的决策平台辅助设计

通过信息、知识和技术的集成，建立基于万维网地理信息系统（WebGIS）和可视化技术的洄游通道恢复决策平台，为鱼类洄游通道恢复工程项目立项分析、规划、实施及评估全过程提供技术支持和管理决策支持。

第5章 过鱼设施设计实践：以湘江长沙综合枢纽为例

5.1 引 言

鱼道设计不同于一般的水工建筑物，需要鱼类学、生态学、水力学、水工学等多学科的结合，需要经历认识—实践—再认识—再实践的反复过程。首先，以鱼类生态行为习性为基础参数，进行水力因子需求分析。依据鱼道设计规范和技术标准，参照同水系、同类型鱼道设计经验，运用水工水力学技术设计满足鱼类洄游需求的鱼道结构形式。本章以长沙综合枢纽工程过鱼设施设计为例，详细阐述针对特定的工程特性如何有序和全面地开展过鱼设施设计工作。关键设计节点包括鱼类资源影响分析、过鱼方案比选、过鱼目标分析、鱼道进口设计等。

5.2 工 程 特 性

湘江长沙综合枢纽工程为低矮开敞式闸坝、径流式水电站、槽蓄型水库。

（1）坝址上、下游河流日、月、年平均流量保持不变，即不改变流量的年内月、日分配。但一日内河流瞬时流量会发生改变。

（2）坝址下游水位流量关系不发生变化。

（3）当河流流量大于发电引用流量 1 976 m³/s 时，坝址上游、下游水位流量、河流流速与天然情况相比变化不大。

（4）当河流流量小于发电引用流量 1 976 m³/s，大于单机发电流量时，坝址下游水位、流速、流量保持自然状态，但坝址以上库区水位流量关系发生很大变化，水位常年在 29.7～31.0 m，与自然状态下枯水期比较，水位抬高约 4 m，流速减小。

（5）为维持下游河道基本环境功能，枢纽工程必须下泄一定的最小流量。根据有关单位提供的水文资料，湘江长沙段最枯月平均流量为 290 m³/s。为满足坝下航道通航所需的水深，湘江长沙综合枢纽修建后，通过与上游株洲航电枢纽、大源渡航电枢纽等水库的调节库容联合调度，可以保证枯水年份湘江长沙综合枢纽坝下最小通航流量达 380～450 m³/s，能较好地改善坝下的水环境。

湘江长沙综合枢纽工程平面布置如图 5.1 所示。

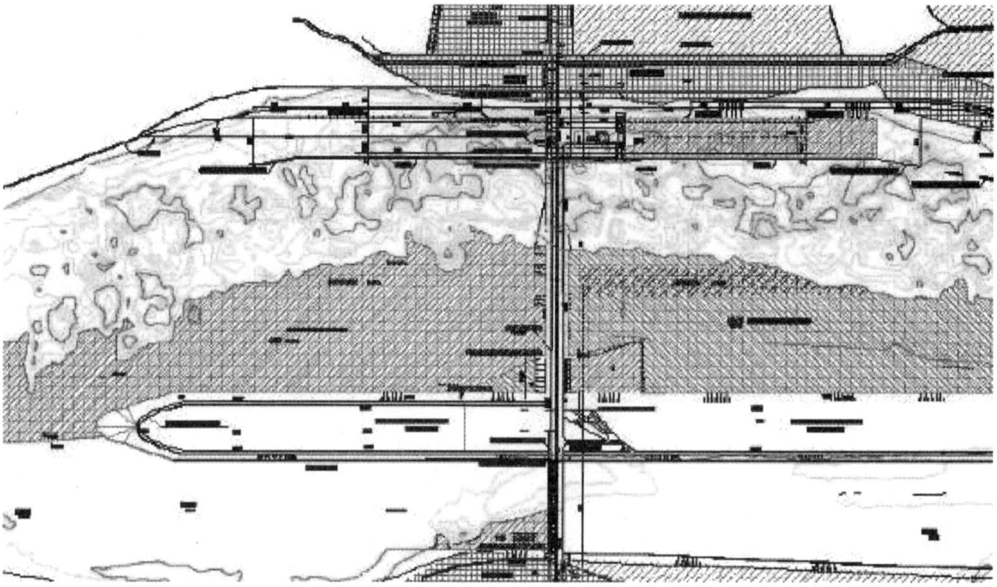

图 5.1　湘江长沙综合枢纽工程平面布置

5.3　水生生物资源影响分析

5.3.1　重要水生生物资源现状

1. 资源现状

根据《湘江长沙综合枢纽工程环境影响报告书》（以下简称《工程环境影响报告书》），湘江水系鱼类共有 155 种（包括亚种），分隶于 10 目 24 科 94 属，约占长江水系的鱼类总数（370 种）42%。根据调查资料，库区及坝址以下 10 km 的珍稀水生野生动物主要是中华鲟、胭脂鱼、江豚（*Neophocaena phocaenoides*）、鲥、长薄鳅等品种。在 20 世纪 70 年代以前，湘江长沙段洄游珍稀名贵鱼类—中华鲟、鲥、鳗鲡等在渔业中均占有一定的比例。由海洋游入湘江生殖洄游的鲥在 1958 年汛期，一天一只渔船能捕 50～100 kg，而近几年则未见鲥踪迹。

近几年中华鲟在湘江下游活动频繁，2002 年 7 月湘江长沙江段渔民非法捕获中华鲟一尾，重 185 kg；2005 年一中华鲟误入湘江大源渡坝内，不能出去，撞死在大坝内；2006 年 8 月衡山站有发现中华鲟的报告，近年来湘江下游长沙至湘阴江段每年都有渔民发现中华鲟的报道，足见湘江下游是中华鲟的重要活动区之一。

胭脂鱼虽然在湘江水系有分布，但由于其繁殖地群体主要栖息于长江上游，是长江上游的一种大型经济鱼类，所以近年来胭脂鱼在湘江水系中已不多见。此外，三峡截流后湘江株洲至长沙江段发现有江豚出没，2003 年 11 月株洲市渔民误伤一头重 45 kg 的江豚。

长沙综合枢纽的库区中，中华鲟、胭脂鱼等的种群数量已经急剧下降，鲥几近灭绝，但近几年中华鲟、江豚在湘江下游出没频繁。

2. 鱼类生态习性

从鱼类生态习性来看，湘江鱼类可以划分为以下四大类。

（1）河海洄游鱼类，如中华鲟、鲥、刀鲚、鳗鲡。

（2）淡水洄游鱼类，如鲢、鳙、草鱼、青鱼、鳡、鳤、鲸、鳊等。

（3）湖泊定居鱼类，如鲤，鲫、逆鱼（*Acanthobrama simoni*）、团头鲂、乌鳢（*Channa argus*）、大银鱼、银鲴（*Xenocypris argentea*）等。

（4）山溪定居鱼类，如四须盘鉤（*Discogobio tetrabarbatus*）、泸溪直口鲮、胡子鲇、犁头鳅、中华吸腹鳅（*Sinogastrornyzon hsiashienses*）、中间前台鳅（*Praeformosania iralermedia*）、珠江拟腹吸鳅（*Pseudogastronrgzon fangi*）等。

目前，湘江重要的经济鱼类主要是青、草、鲢、鳙，它们约占捕捞量的 40%。除了四大家鱼外，还有鲤、鲫、三角鲂、鲴、鲇等 20 余种主要经济鱼类。

5.3.2　工程对鱼类资源影响分析

由于湘江长沙综合枢纽工程为低矮开敞式闸坝、径流式水电站，对水文情势改变有限，同时由于各梯级综合减污调度结果，在鱼类繁殖季节内，多数江段均保持典型流水特征。工程建设后，库区江段内仍存在适合产漂流性卵鱼类自然繁殖的江段，同时坝下江段产卵场仍然能够满足部分产漂流性卵鱼类自然繁殖的需要。因此，工程的主要影响形式为亲鱼上溯繁殖的阻隔，主要影响对象为洄游鱼类。对于定居鱼类而言，坝址上下江段均能满足其完成全部生活史的需要，但长期阻隔造成的遗传多样性降低值得重视。

1. 对鱼类生境的影响

（1）对珍稀保护鱼类"三场"的影响。目前，库区的珍稀保护鱼类主要是洄游鱼类中华鲟和胭脂鱼。大坝的截断使这些洄游鱼类都不能顺利进入库区完成其生活周期，因此工程对这些珍稀鱼类会产生一定的影响。然而近年来库区内的中华鲟与胭脂鱼等珍稀鱼类已经较为罕见。调查表明，中华鲟和胭脂鱼的产卵场主要分布在长江中上游水域，库区并不是这些珍稀鱼类唯一的索饵场所。因此，大坝可能会造成这些珍稀鱼类在湘江索饵场所下移到大坝以下河段。但总的说来，工程对这些珍稀鱼类的影响是有限的。

（2）对四大家鱼"三场"的影响。湘江中下游的重要经济鱼类，如青鱼、草鱼、鲢、鳙为产漂流性卵鱼类，它们的产量是总鱼产量的重要组成部分。所以，建坝后对它们繁殖的影响十分显著。水库形成以后，大坝以上的一些产卵场因水流变缓而不具备产卵条件，因为上游这些规模较大产卵场的位置离水库都比较近，流程较短，鱼卵在漂流孵化过程中过早流入库内静水区，许多鱼卵的正常发育受到影响。

（3）对湖泊定居鱼类"三场"的影响。湘江长沙江段的一些滩群是湖泊定居鱼类的产卵场和索饵场。大坝对这些鱼类的"三场"影响较为明显。水库形成以后，大坝上游附近的一些产卵场可能会因为水位变化而失去功能。

（4）对山溪定居鱼类"三场"的影响。对于山溪定居鱼类而言，它们分布于湘江中上游的一些流水性的环境中。因此，长沙枢纽工程对这些鱼类的"三场"不产生直接的影响。

2. 对鱼类种类组成的影响

湘江长沙综合枢纽工程的建成，库区水位的抬高，水流变缓，黏性卵鱼类产卵场将有所减少，对鲤、鲫等定居鱼类品种将造成一定的负面影响。由于湘江四大家鱼产卵场的破坏和鱼类洄游通道的受阻，青、草、鲢、鳙等典型的淡水洄游鱼类资源将进一步衰减。大坝建成后库区将明显以鲤、鲫、黄颡鱼、鲇、赤眼鳟、鳡、大眼鳜等品种为主，鱼类资源多样性指数降低。

水库形成后，水体的水文条件发生的较大变化改变了鱼类的栖息环境。不同鱼类的栖息环境不同，因此，库区的鱼类组成将会发生明显的变化。通常，水库蓄水后流速减缓，泥沙沉积，饵料增多，这种条件适合于喜静水或缓流水生活的鱼类生存，而不利于喜急流水生活的鱼类的生存。另外，库区水位的抬升使得库区中喜表层或中层生活的鱼类增多而底层鱼类相对减少。就天然繁殖状况和生长条件而言，未来库区的渔业主体将是杂食性鱼类、凶猛性鱼类和某些底栖鱼类，如草鱼、青鱼、蒙古鲌、翘嘴鲌、鲴、鲫、餐、银飘鱼及鳅等。

建坝以后，由于水文条件的改变有利于坝下江段丝状藻类和淡水壳菜的大量繁殖，使摄食这些食物的鱼类种群不断增殖。另外坝下江段浮游生物的数量虽然略有增加，但与库区相比较仍然偏低。所以，摄食浮游生物的鱼类相对较少。

3. 对鱼类种群数量的影响

河道环境变化将对水生生物尤其鱼类产生一定影响。由于在长沙上游的湘江干流上已经建有大源渡航电枢纽和株洲航电枢纽，所以在长沙修建的综合枢纽对湘江株洲以下的河流产生显著的影响。长沙综合枢纽建成后，湘江长沙段原有的自然条件会发生变化，从而对包括鱼类在内的水生生物带来了多方面的影响。其结果是改变了现有的生态平衡，但通过鱼类及其他水生生物的调节适应，又将建立新的生态平衡。对库区鱼类的主要影响表现为以下两个方面。

长沙综合枢纽建成后，库区水体中将蓄积一定数量的腐殖质碎屑及无机盐等外源营养物质，水质肥度有所提高，这将有利于库区饵料生物的生长与繁殖，经济鱼类的数量也将相应地增加，工程具有渔业效益。建成后的库区的鱼产量将包括两部分。一是利用天然饵料饲养成的鱼产量，数量取决于浮游生物和底栖动物的供饵能力；二是利用人工饲料养成的鱼产量，数量取决于可供养殖的水面、人工饵料的投放量和养殖的技术水平。

长沙综合枢纽建成之后，一些适应于敞水面生活鱼类的种群数量将会有很大的变化。在坝下江段，虽然大坝的兴建给湘江下游一些经济鱼类的繁殖和生长带来了某些不利影响，但是对鱼类越冬和某些种类的肥育还是有利的。随着时间的推移，它们逐渐适应这种改变了的环境，并能在坝下江段和南洞庭湖湖区完成其生殖、摄食、生长和越冬等生活周期的各个环节，各自维持一定的种群。由此可见，工程虽然改变了河道原有的生态环境，并使一些分布广泛的经济鱼类生活在被隔离的水体中，但是它们分别在各自的生活环境中繁殖和生长，并能够保持一定的种群数量。

4. 对四大家鱼自然繁殖的影响

从四大家鱼等淡水洄游鱼类资源的生物学特性可知，四大家鱼等淡水洄游鱼类的产卵繁殖必须具备三个最基本的条件，其一，性成熟后的亲鱼能顺利洄游到江河上游，形成产卵群体；其二，产卵繁殖前及发情产卵必须要有流水刺激；其三，受精卵吸水膨胀后为漂浮性，随水漂流孵化。从受精到孵出鱼苗腰点平游的时间约 3～5 天，繁殖水温高，则受精卵到鱼苗腰点平游的时间短，繁殖水温相对较低，则受精卵到鱼苗腰点平游的时间也相对延长。因此，四大家鱼繁殖季节必须要保持洄游通道畅通，必须要有流水环境，并且要能维持一定的流程，否则，受精卵及腰点出现阶段以前的鱼苗会在静水中沉于水底窒息而亡。

湘江梯级大坝的建成，阻碍了淡水洄游鱼类的生殖洄游、越冬洄游和索饵洄游途径，影响产卵场亲鱼群体的补充。大坝分级建成的水流状况的变化及流程的变短影响了亲鱼的发情产卵、漂流孵化，致使湘江四大家鱼产卵场受到严重破坏。

11 月至次年 3 月，为库区枯水期，大坝关闸蓄水，影响四大家鱼越冬洄游、生殖洄游及产卵场的亲鱼群体补充，尤其是对性情温和的鳙影响甚大，大源渡航电枢纽建成前后湖南省鱼类原种场 12 年来四大家鱼捞苗量的变化可以验证该规律。

4～6 月份为库区平水期，也正是四大家鱼的产卵繁殖季节，而大坝建成后湘潭段的流速降至 0.16 m/s，长沙段的流速降至 0.12 m/s，根本不能满足四大家鱼受精卵的孵化条件，四大家鱼不能完成孵化的全过程，造成只产卵不孵苗的严重局面，若如此，则实际上是不能形成四大家鱼产卵场，或称四大家鱼产卵场将不复存在；6 月底至 7 月进入丰水期，湘江下游逐步恢复自然状态，下游江段流速在 0.5 m/s 以上，才能为四大家鱼提供迟来的产卵繁殖条件。

因此，湘江长沙综合枢纽工程的建成将进一步造成对湘江四大家鱼产卵场的破坏，繁殖季节的大部分时段产卵场消失，四大家鱼繁殖季节将进一步推迟。

5.3.3　过鱼方案比选

过鱼设施的形式多种多样，这些形式都是为不同的工程、不同的过鱼种类设计，具有不同的特点，表 5.1 是各种过鱼设施的优缺点比较。

表 5.1　几种过鱼设施优缺点比较

方案	优点	缺点
鱼道	消能效果好； 结构稳定； 连续过鱼	设计难度较大； 不易改造
仿自然通道	适应生态恢复原则； 鱼类较易适应； 连续过鱼； 易于改造	效能效果差； 结构不稳定； 适应水位变动能力差； 占地较大
升鱼机	适合高水头工程； 占地小	不易集鱼； 操作复杂； 运行费用较高
鱼闸	适合高水头工程	操作复杂； 运行费用较高
集运鱼系统	适合高水头工程； 占地小	操作复杂； 运行费用较高

由于升鱼机、集运鱼系统和鱼闸一般适合中、高水头大坝，湘江长沙综合枢纽工程最大水头不足 10 m，上述 3 种方案由于过鱼不连续、过鱼效果不稳定、操作复杂、运行费用高等皆不适湘江长沙综合枢纽工程采用。

鱼道和仿自然通道在低水头水利工程中有广泛的应用，能够在较短的距离内达到稳定且满足鱼类需求的流速和流态。湘江长沙综合枢纽工程水头很低，鱼道和仿自然通道都具有可行性。

以下重点比较鱼道方案和仿自然通道方案。

1. 方案 1——水电站右岸布置鱼道

鱼道布置在水电站右岸上，进口位于水电站尾水下方，水电站发电尾水起到诱鱼作用，鱼道在坝下转折一次穿过坝体到达上游，再汇入上游河道。方案 1 平面布置示意图如图 5.2 所示。

2. 方案 2——水电站和泄水闸之间布置鱼道

鱼道布置在水电站和左汉泄水闸之间，进口位于水电站尾水下方，在坝下转折一次穿过泄水闸到达上游，直接进入河道中央。方案 2 平面布置示意图如图 5.3 所示。

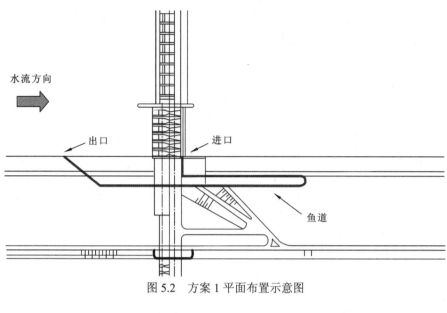

图 5.2　方案 1 平面布置示意图

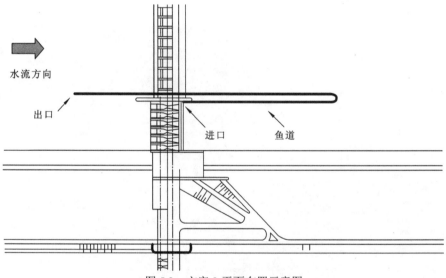

图 5.3　方案 2 平面布置示意图

3. 方案 3——水电站右岸布置仿自然通道

仿自然通道是在岸上挖掘的类似自然河流的小溪，溪流底部铺设各种大小的砾石以增加摩阻或形成局部跌水起到消能和减缓流速的目的。

仿自然通道布置在水电站右岸上，进口位于水电站尾水下方，水电站发电尾水起到诱鱼作用，鱼道在坝下转折一次穿过坝体到达上游，再汇入上游河道。仿自然通道一般宽 3～10 m，深 1～2 m，根据湘江长沙综合枢纽工程的水头差，仿自然通道长度约为 1 000 m。方案 3 平面布置示意图如图 5.4 所示，效果图见图 5.5。

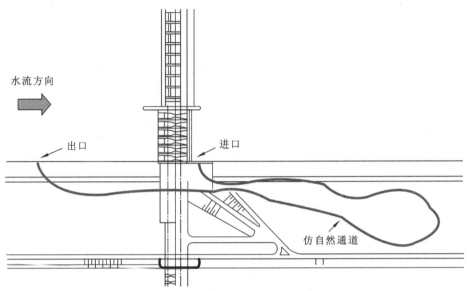

水流方向

出口

进口

仿自然通道

图 5.4　方案 3 平面布置示意图

图 5.5　方案 3 效果图

4. 方案比选

表 5.2 是不同过鱼设施方案的优缺点比较。

表 5.2　方案比选

方案	优点	缺点
方案 1： 水电站右岸 布置鱼道	进口傍岸，集诱鱼效果较好；水位变化适应能力较强；整个鱼道都在岸上，便于观测、维修	通道须穿过坝体
方案 2： 水电站和泄水闸 之间布置鱼道	鱼道穿过闸室，不与坝体相交；水位变化适应能力较强	进口不傍岸，集诱鱼效果略差；鱼道位于河中，不便于观察、维修
方案 3： 水电站右岸布置 仿自然通道	是对鱼类自然生境的一种恢复；可通过鱼类种类较多	通道长度较长，工程量较大；通道须穿过坝体；结构不稳定，可能受到洪水影响；适应水位变化能力差

　　以下采用列表赋分的方法综合考虑鱼道和仿自然通道的诱鱼能力、过鱼能力、鱼类适应能力、工程量和运行维护等因素，比选得出适合湘江长沙综合枢纽工程采用的过鱼设施类型，见表 5.3。

表 5.3　过鱼设施方案比选赋分依据

考虑因素	指标	赋分依据		
		3	2	1
诱鱼能力	入口位置	多处，易于发现	靠近水电站尾水或下泄水	不易发现
	吸引水流	水流量大	水流量中	水流量小
	水位变化适应能力	强	中	弱
过鱼能力	过鱼种类	各种大小、多种鱼类	多数目标鱼类	少数目标鱼类
	过鱼数量	较大	较小	很小
	过鱼时间	连续	不连续，周期短	不连续，周期长
	上行下行解决	兼顾	部分兼顾	不能兼顾
鱼类适应能力	自然程度	相似	仿自然	人工
	流速控制	消能效果好	消能效果中	消能效果差
	流态控制	流态、方向单一	流态、方向较复杂	流态紊乱、方向复杂
	上下游水质差异程度	一致	连续变化	变化突然，差异大
工程量	场地占用	小	中	大
	建造费用	低	中	高

考虑因素	指标	赋分依据		
		3	2	1
运行维护	运行费用	低	中	人力物力财力消耗大
	结构稳定性	结构稳定	较稳定	不稳定
	后期改造	易改造	较易改造	难改造
	设备维护	不易出现故障，易维护	需要周期性维护	易出现故障，维护经费高

比选结果按照各指标赋分依据所得的赋分×指标的权重系数所得分数的总和来比较。见表 5.4。

表格 5.4　过鱼设施比选结果

考虑因素	指标	方案 1 鱼道	方案 2 鱼道	方案 3 仿自然通道
诱鱼能力	入口位置	15	5	10
	吸引水流	15	15	10
	水位变化适应能力	15	15	5
过鱼能力	过鱼种类	6	6	9
	过鱼数量	6	6	9
	过鱼时间	9	9	9
	上行下行解决	6	6	9
鱼类适应能力	自然程度	4	4	6
	流速控制	6	6	2
	流态控制	2	2	6
工程量	场地占用	4	6	2
	建造费用	4	6	2
运行维护	运行费用	3	3	2
	宣传演示作用	3	3	2
	结构稳定性	3	3	1
	后期改造	2	1	3
	设备维护	2	1	3
合计		105	97	90

经过列表赋分比选，三种方案得分分别为 105 分、97 分和 90 分。方案一在诱鱼能力上显著优于其他两种方案，与方案 2 诱鱼效果的区别见图 5.6。同时在日后观测、维修的简便程度上也具有一定优势。

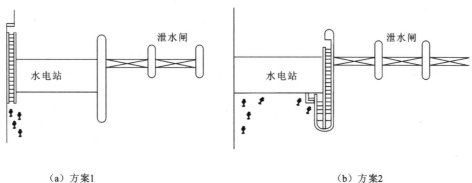

（a）方案1　　　　　　　　　　　　　　　　（b）方案2

图5.6　方案1与方案2诱鱼效果区别示意图

工程具体采用何种方案还需要结合工程的具体布置、河流的水文特点、河道及地形特征来确定。在初步设计阶段，推荐方案 1——水电站右岸布置鱼道为本工程过鱼设施方案。

5. 可行性分析

长沙综合枢纽属低水头工程，鱼道通过沿程摩阻、形成局部跌水及水流对冲来消能，起到改善流态和降低过流速度的效果。水电站右岸的洲上有足够的空间布置鱼道，在一定的长度范围内可以使鱼道内流速降低到鱼类耐受的极限流速以下，这种情况下，鱼类成功上溯是可能的。

而且在湘江流域也有成功的鱼道案例。洋塘鱼道（基本参数如表 5.5 所示）位于湖南省衡东县湘江支流洣水下游的洋塘水轮泵水电站枢纽工程上，修建于 1979 年。在 1981 年观察计数的 65 天内，鱼道总计过鱼 36 种，520 444 尾，平均每小时过鱼 385 尾。过鱼体长 2～100 cm，过鱼效果十分理想。洋塘鱼道的成功经验证明在湘江流域采用鱼道的形式解决低水头水利工程对鱼类的阻隔影响是完全可行的。

表 5.5　洋塘鱼道基本参数表

	项目	参数
工程	位置	湖南省衡东县
	修建时间	1979 年
	类型	水轮泵水电站
	设计水头差	4.5 m
鱼道	设计流速	0.8～1.2 m/s

续表

项目		参数
鱼道	鱼道长度	317.2 m
	底坡	1:67
池室	池室长度	3 m
	池室宽度	4 m
	池室深度	2.5 m
	池间落差	4.5 cm
	池室数目	100 个

但本方案鱼道需穿过坝体，设计和布置上有一定难度，具体可行性需要工程设计部门进行进一步分析。

5.3.4　过鱼目标分析

1. 过鱼种类

1）确定原则

选择过鱼对象时，应满足以下条件：工程上游及下游都有分布或工程运行后有潜在分布可能的鱼类；工程上游或下游存在其重要的生境的鱼类；洄游或迁徙路线经过工程断面的鱼类。

2）优先考虑的种类

湘江长沙综合枢纽工程的建成对鱼类的影响主要是阻隔了上下游鱼类之间交流的通道，对洄游鱼类会阻隔其洄游线路，使其无法完成生活史；对于在局部水域内能完成生活史的鱼类，则可能影响其在不同水域群体之间的遗传交流，导致种群整体遗传多样性下降。

依据现代生态学理论和观点，过鱼设施所需要考虑的鱼类不仅仅是洄游鱼类，空间迁徙受工程影响的所有鱼类都应是过鱼设施需要考虑的过鱼对象。但过鱼设施的结构和布置很难做到同时对所有鱼类都有很好的过鱼效果，因此在设计过鱼设施时，有些鱼类需要优先考虑：受到保护的鱼类；珍稀、特有及土著、易危鱼类；具有经济价值的鱼类；其他具有洄游及迁徙特征的鱼类。

3）主要过鱼种类的选择

空间迁徙受工程影响的所有鱼类都应是湘江长沙综合枢纽工程的过鱼对象。咸淡水洄游种类中华鲟、鲥、大银鱼、鳗鲡及部分江湖半洄游鱼类鳡、鳊、鳤等虽然具有洄游特性，但其资源量极低，渔获物中已很难发现，故作为兼顾过鱼对象。

湘江长沙综合枢纽工程重点考虑江湖洄游及具有短距离迁移特征的鱼类的过坝问题，同时兼顾咸淡水洄游及坝址分布的所有鱼类。过鱼对象见表 5.6。

表 5.6 湘江长沙综合枢纽工程过鱼对象

	鱼名	迁徙类型	资源状况	保护鱼类	经济鱼类
主要过鱼对象	青鱼、草鱼、鲢、鳙、鳊、银鲴	江湖洄游	—	—	√
	团头鲂、三角鲂、鳠（*Mystus pelusius*）、黄尾鲴、翘嘴鲌、蒙古鲌、大口鲇（*Silurus meridionalis*）等	短距离迁移	—	—	√
兼顾过鱼对象	中华鲟、鲥、大银鱼、鳗鲡等	咸淡水洄游	极低	√	—
	鳤、鳡、鯮等	江湖洄游	极低	√	—
	坝址处分布的其他鱼类	随机迁移	—	—	—

2. 过鱼季节

湘江长沙综合枢纽工程在枯水期和中水期水电站发电，泄水闸关闭或部分开启；洪水期左汊泄水闸全开，河流基本恢复自然状态，鱼类可以自由通行，所以，湘江长沙综合枢纽工程的过鱼季节为湘江的枯水期和中水期。

5.3.5 运行水位及设计流速

1. 运行水位

鱼道上下游的运行水位，直接影响到鱼道在过鱼季节中是否有适宜的过鱼条件，鱼道上下游的水位变幅也会影响到鱼道出口和进口的水面衔接和池室水流条件，可能造成到达鱼道出口处的鱼无法进入上游河道，也可能造成下游进口附近的鱼无法进入鱼道。

1）工程调度运行方式

根据来水情况不同，工程调度运行分下列几种情况（表 5.7）。

表 5.7 湘江长沙综合枢纽工程调度运行方式

	流量/（m³/s）	坝下水位/m	坝上水位/m	闸门启闭情况	鱼类通行
枯水期	500	21.90	29.7		
	750	22.19	29.7		
	1 000	22.63	29.7	闸门全关，水电站泄水	受到阻隔
	1 250	23.03	29.7		
	1 500	23.39	29.7		

续表

	流量/(m³/s)	坝下水位/m	坝上水位/m	闸门启闭情况	鱼类通行
枯水期	1 750	23.71	29.7	闸门全关，水电站泄水	受到阻隔
中水期	2 000	24.00	29.7	部分泄水闸开启，水电站泄水	受到一定阻隔
	2 500	24.53	29.7		
	3 000	25.02	29.7		
	3 500	25.45	29.7		
	4 000	25.85	29.7		
洪水期	>4 000	>25.85	>29.7	左汊泄水闸全开，右汊泄水闸视情况启闭	河道基本恢复连通，鱼类可以通过

（1）枯水期调度。当入库流量（为株洲航电枢纽下泄和库内全部支流的流量之和）小于水电站引用流量 1 824 m³/s 的枯水季节时，闸门关闭，水电站发电，并维持坝上水位为正常蓄水位运行（即上游入库多少水量，枢纽下泄多少水量）。

（2）中水期调度。当入库流量大于 1 824 m³/s，但≤4 000 m³/s 时，为中水期。超过水电站引用流量的水体通过泄水闸下泄，此时水电站发电，并维持坝上水位为正常蓄水位运行。

（3）洪水期调度。当入库流量大于 4 000 m³/s，或虽小于 4 000 m³/s、但预报 16 h 后将大于 4 000 m³/s 时，为洪水期，进入防汛防淹为主的调度，并需兼顾船闸通航条件，可发电时仍应继续发电。

水库预泄调度方式需根据预报的未来 16 h 后入库流量的大小，逐步降低库水位运行，以预泄部分库容，随入库流量的加大，逐步加大闸门开度和闸门开启数量来预泄水体。一般 28 h 预泄流量由 4 000 m³/s 增至 7 400 m³/s、预泄库容 13 662 万 m³（总库容由 67 500 万 m³ 降至 53 838 万 m³），坝前水位可降至 28.46 m。预泄流量 7 000 m³/s 时，左汊主泄水闸闸门全部打开，随着流量的进一步加大，仅开启左汊闸门难以满足防洪要求时，则开启右汊副泄水闸闸门，右汊参与泄洪。其开启时机和强度根据船闸通航条件及上游防洪需要灵活控制，原则上以防洪需要为第一控制因素，必要时关闭船闸禁航。当上下游水位差小于水轮机最小工作水头 1.5 m 时，水电站停机。当入库洪水处于消退阶段，坝上闸门逐步关闭。

（4）洞庭湖水位顶托时调度。当入库流量较小，而洞庭湖顶托水位又高于 29.7 m 时，水电站关闭，右汊副泄水闸闸门关闭，左汊主泄水闸闸门全开，此时需研究船闸开通的可能性；顶托水位在 28.2～29.7 m，水位差小于水轮机最小工作水头 1.5 m 时，水电站关闭，右汊副泄水闸闸门关闭，左汊主泄水闸部分闸门适当开启，以维持坝上水位 29.7 m 为准；顶托水位低于 28.2m 时，按中水期、枯水期调度方式。

2）上下游运行水位

一般，上游运行水位上限选择各种运行情况下上游可能出现的最高水位，湘江长沙综合枢纽工程正常蓄水位 29.70 m，上游运行水位下限可选择各种运行情况下上游可能出现的最低水位，湘江长沙综合枢纽工程选择 28.40 m。下游运行水位，其上限为 25.85 m，下限为 21.90 m，考虑今后河床冲刷，水位下降，最低坝下水位采用 20.40 m。最大设计水位差 9.30 m，如图 5.7 所示。

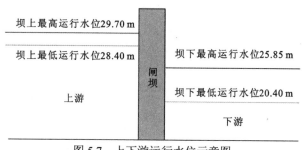

图 5.7　上下游运行水位示意图

2. 设 计 流 速

1）目标鱼类的克流能力

鱼类的克流能力一般用鱼在一定时间段内可以克服某种水流的流速大小来表示。可分为巡游速度和突进速度。

国内也有一些单位进行了四大家鱼的克流能力测试试验，积累了一些相关结论和资料，见表 5.8，四大家鱼的喜爱流速在 0.3～0.5 m/s，除去试验鱼体力原因，极限流速在 1.0 m/s 以上。

表 5.8　四大家鱼克流能力测试成果

品种	体长/cm	感应流速/(m/s)	喜爱流速/(m/s)	持久游速/(m/s)	极限流速/(m/s)
青鱼	26～30	—	—	0.6～0.94	—
	40～50	—	—	1.25～1.31	—
	64.1	—	—	1.06	
草鱼	24～27	—	—	1.02	
	30～40	—	—	1.27	
	40～50	—	—	1.03	
鲢	40～50	—	—	0.9～1.0	
鳙	40～50	—	—	<0.8	
草鱼	15～18	0.2	0.3～0.5	—	0.7
	18～20	0.2	0.2～0.6	—	0.8

品种	体长/cm	感应流速/(m/s)	喜爱流速/(m/s)	持久游速/(m/s)	极限流速/(m/s)
鲢	10～15	0.2	0.3～0.5	—	0.7
	23～25	0.2	0.2～0.6	—	0.9
青鱼	50～60	—	—	—	1.3
草鱼	30～40	—	—	—	1.2
鳙	30～40	—	—	—	1.2～1.9
	70～80	—	—	—	1.2～1.9
鳊	80～90	—	—	—	1.2～1.9

另外，国外也通过数学推导，得到了两种鱼类游泳能力估算的经验公式：

$$V = (2 \sim 4)L \tag{5.1}$$

$$V = 1.98 \cdot L^{1/2} \tag{5.2}$$

式中：L 为体长，m。

公式（5.2）经过河北省水产局和南京水利科学研究所等单位的校验，认为有一定的参考价值。

2）鱼道的设计流速

鱼道流速的设计原则是：鱼道内流速小于鱼类的巡航速度，这样鱼类可以保持在鱼道中前进；竖缝流速小于鱼类的突进速度，这样鱼类才能够通过鱼道中的孔或缝。

根据已有的研究成果，四大家鱼性成熟时的体长一般 >30 cm。根据调查成果，其极限速度约为 1.0 m/s，按照经验公式（5.2），$V = 1.98 \times (0.3)^{1/2} = 1.08$ m/s，所以对于性成熟的四大家鱼来说，竖缝流速取 1.0 m/s 应该可以满足其要求。但因鱼道也要兼顾其他游泳能力较弱的鱼类和其他体型相对较小的鱼类，同时为防止鱼在鱼道中过度疲劳，鱼道竖缝流速取 0.8～1.0 m/s，鱼道内平均流速取 0.3～0.5 m/s。

5.3.6　鱼道池室

1. 结构样式

1）目前主要的鱼道形式

（1）丹尼尔式鱼道。丹尼尔式鱼道由一系列矩形斜槽组成，在槽边壁和底壁上设有间距甚密的阻板和底坎，水流通过时形成反向水柱冲击主流，进行消能和减速。丹尼尔式鱼道一般宽度较小，坡度大，长度也较小。

（2）池堰式鱼道。鱼道槽内被隔板分隔为一系列互相沟通、形成梯级的水池，隔板上设有潜（底）孔或溢流孔（有的二者兼有）。水流经阻隔、反向水柱冲击及逐级跌落而消能和减速。

（3）竖缝式鱼道。由一系列相连的水池组成，相连的水池之间的隔壁上有一条竖缝，通过沿程摩阻、水流对冲及扩散来消能，达到改善流态和降低过鱼竖缝流速的目的。

2）鱼道形式比选

丹尼尔式鱼道、池堰式鱼道和竖缝式鱼道都有各自的优缺点，分别适应不同的鱼类、工程以及水文特征。表 5.9 为三种鱼道形式的优缺点比较。

表 5.9　各种鱼道形式优缺点比较

鱼道形式	优点	缺点	备注
丹尼尔式鱼道	消能效果好，鱼道体积较小；鱼类可在任何水深中通过且途径不弯曲；表层流速大，有利于鱼道进口诱鱼	鱼道内水流紊动剧烈，气体饱和度高；结构复杂，不易维修	适合水头差较小，和较小的河流和游泳能力较强的鱼类
池堰式鱼道	消能效果好；鱼道内紊流不明显	不适应上下游水位变幅较大的地方；易淤积	适合翻越障碍能力较强的鱼类（如鳟鱼、鲑鱼）
竖缝式鱼道	消能效果较好，表层、底层鱼类都可适应；适应水位变幅较大；不易淤积	鱼道下泄流量较小时，诱鱼能力不强（需要补水系统）	应用范围较广

湘江长沙综合枢纽工程下游水位变化在 20.40~25.85 m，变幅达到 5.45 m，竖缝式鱼道能够适应这样的水位变化。而且，表层鱼类和底层鱼类都可以适应竖缝式鱼道，更利于上下游各种鱼类的交流。

所以，综合考虑工程特性和鱼类的生态习性，建议采用竖缝式鱼道。

竖缝式鱼道中也有许多不同的隔板设计样式，不同样式有不同的水力学特点和不同的适用对象。例如：单侧竖缝式、异侧竖缝式、双侧竖缝式等，如图 5.8。

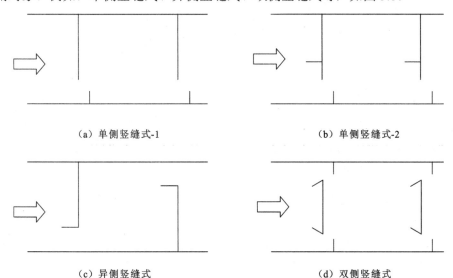

（a）单侧竖缝式-1　　　　　　　　　（b）单侧竖缝式-2

（c）异侧竖缝式　　　　　　　　　（d）双侧竖缝式

图 5.8　竖缝式鱼道各种池室结构样式

异侧竖缝式和双侧竖缝式鱼道优点是消能效果较好，竖缝流速控制相对较好；但缺点是池室内流态复杂，急流区和缓流区流速差别不大，缓流水体体积较小，不利于鱼类在池室的休息。湘江长沙综合枢纽工程由于过鱼对象都是体型较小的鱼类，游泳能力较差，对池室的休息条件有较高要求，所以不推荐异侧竖缝式鱼道和双侧竖缝式鱼道。

单侧竖缝式鱼道消能效果、竖缝流速控制较异侧竖缝式、双侧竖缝式略差，但优点是池室结构简单，水流相对稳定，有利于鱼类在池室内休息。故推荐采用单侧竖缝式鱼道。

两种单侧竖缝式当中单侧竖缝式-2 的消能效果较单侧竖缝式-1 具有一定优势，所以，推荐池室结构采用单侧竖缝式-2。

3）可行性分析

湘江长沙综合枢纽工程属低水头航运工程，竖缝式鱼道通过沿程摩阻、水流对冲及扩散来消能，起到改善流态和降低过鱼竖缝流速的效果，鱼道内流态见图 5.9，在一定的长度范围内可以使鱼道流速降低到鱼类耐受的极限流速以下，这种情况下，鱼类成功上溯是可行的。

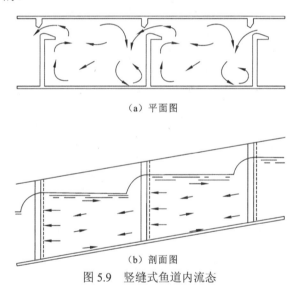

（a）平面图

（b）剖面图

图 5.9　竖缝式鱼道内流态

湘江长沙综合枢纽工程过鱼对象主要为四大家鱼和团头鲂、三角鲂、鳡、黄尾鲴、翘嘴鲌、蒙古鲌、南方鲇等重要经济鱼类，其他所有鱼类也作为鱼道的过鱼对象。这些鱼类习惯栖息于不同的水层，竖缝式鱼道由于竖缝流速上下基本一致，所以适合各种水层生活的鱼类，过鱼种类较广，在保证过鱼对象通过鱼道的同时，可以最大限度地起到沟通上下游鱼类交流的目的。

2. 池室尺寸

1）池室宽度

鱼道宽度 B 主要由过鱼量和过鱼对象个体大小决定，过鱼量越大，鱼道宽度要求越大。国外鱼道宽度多为 2～5 m，国内鱼道宽度多为 2～4 m。

湘江鱼类种类和资源都较为丰富，为满足过鱼需要，鱼道宽度取 4 m。

2）池室长度

池室长度 l 与水流的消能效果和鱼类的休息条件关系密切。较长的池室，水流条件较好，休息水域较大，对于过鱼有利。同时，过鱼对象个体越大，池室长度也应越大。

在初步设计阶段，可取 $l=(1.2～1.5)B$，即 4.8～6.0 m，在此，鱼道池室长度取 4.8 m。

3）竖缝设计

池室内的竖缝宽度 b 直接关系到鱼道的消能效果和鱼类的可通过性，一般要求竖缝式鱼道的竖缝宽度 b 不小于过鱼对象体长的 1/2，国外同侧竖缝式鱼道宽度一般为池室宽度的 1/8～1/10，而我国同侧竖缝的宽度一般为池室宽度的 1/5，为水池长度的 1/5～1/6。据台湾许铭熙教授对同侧竖缝式鱼道的数值模拟试验表明，竖缝宽度 b 越小，低流速区所占的面积越大。所以湘江长沙综合枢纽工程鱼道竖缝宽度取 60 cm。

据鱼道池室隔板的室内试验表明，过鱼孔的流速值，与射流角（水流与横隔板面的夹角）关系很大。射流角小，主流射向池室中间部分，消能充分，流速较小；射流角大，主流直冲下一块隔板的过鱼孔，流速较大。然而射流角过小，加剧了池室的横向水流，形成较强烈的回流和翻滚。湘江长沙综合枢纽工程池室尺寸较大，所以射流角选择 60°。翼板能控制板后的回流，而翼板长度无多大影响，图 5.10 给出了初步设计的尺寸，具体尺寸可根据结构的要求进行适当的调整。

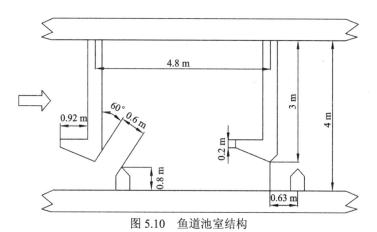

图 5.10 鱼道池室结构

4）池室深度

鱼道水深 h 主要视过鱼对象习性而定，底层鱼和体型较大的成鱼相应要求水深较深。国内外鱼道深度一般为 1.0～3.0 m，湘江长沙综合枢纽工程要兼顾表层鱼和底层鱼类，所以鱼道正常运行水位为 3.0 m，池室深度可取 3.5 m，防止鱼道运行时因水流波动溢出。

5）池间落差

竖孔的流速，是由竖孔上下游水头差来决定：

$$V_{\max} \approx (2g\Delta h)^{0.5}$$

鱼道的设计流速为 1 m/s，所以池间落差：

$$\Delta h \approx V_{\max}^2 / 2g = 1^2 / (2 \times 9.81) = 0.051 \text{ m}$$

6）鱼道底坡

一般认为，鱼道全长中应该统一的固定底坡，不宜多变，更不宜呈台阶式的集中坡降。同一底坡，可使各池室间有比较均匀的落差，有相近的水深和水流条件，有利于鱼类很快的适应水流条件而迅速通过。

$$\text{鱼道底坡 } i = \Delta h/l \approx 1/94$$

底坡的大小后期可以根据物模试验结果进行优化。

7）休息池

考虑鱼类上溯途中要设置一定的休息场所，每隔 10 个池室设一个休息池，休息池无底坡，其长度为一般池室的 2 倍长，长 9.6 m。供鱼类上溯过程中暂时休息，恢复体力，有利于鱼类的继续上溯，本鱼道沿程共设 18 个休息池。

鱼道方向上的任何变化只能在休息池完成。休息池必须足够长，防止上游游程水流撞击对面墙壁的力量过大（尤其是方向 180° 转弯的地方），或防止游程水流干扰下一个下游游程的水流（如抑制形成螺旋水流）。

5.3.7　鱼道进口

鱼道进口是鱼道设计的难点之一，也是鱼道设计成败的关键所在。设计成功的关键，在于把鱼类从自然河流环境（不受控状态）诱集到鱼道系统（受控状态）。如果不能把鱼诱集到鱼道，就无法实现鱼类的上溯洄游。鱼类一旦进入鱼道进口池，通过鱼道就变得相对简单。

1. 鱼道进口位置

洄游鱼类洄游路线和集群区域一般遵循以下规律：上溯过程中，当鱼所处的洄游路线流速过大而不能顶流继续前进时，它们会选择附近流速相对较缓的水域上溯，大多在河道主流两侧适宜的流速区中，或在河道沿边岸线；洄游中，鱼类会避开紊动、水跃和漩涡等区域；洄游中，鱼类会避开油污及有污染的水域，而选择水质较好的区域；幼鱼一般有选择向阳、避风和沿岸边前进的习性。

根据鱼类坝下洄游规律，鱼道进口一般选择在：经常有水流下泄的地方，紧靠在主流的两侧；位于闸坝下游鱼类能上溯到的最上游处（流速屏障或上行界限）及其两侧；水流平稳顺直，水质较好的区域；闸坝下游两侧岸坡处；能适应下游水位的涨落，保证在过鱼季节中鱼道进口有一定的水深（1.0 m 以上）的地方。

综合以上考虑，本鱼道进口设在水电站右岸紧靠厂房处，此处鱼道进口紧靠尾水，可以借厂房尾水诱集鱼类。

2. 鱼道进口高程

下游运行水位，其上限为 25.85 m，下限为 21.90 m，考虑河床冲刷，水位下降，最低坝下水位采用 20.40 m。为满足这样的水位变幅，避免鱼道进口出现壅水或水面线突然下降现象，本鱼道设高水位和低水位 2 个鱼道进口，底板高程高程分别为 18.85 m（满足最低水位 20.40 m 时鱼道中有 1.55 m 的运行水位）、和 22.85m（满足下游最高 25.85 m 时鱼道运行水位不超过 3 m）。2 个进口根据下游水位的变化，通过汇合池中的控制闸门控制和调节，以保证鱼道进口的正常运行。进口具体布置见图 5.11。

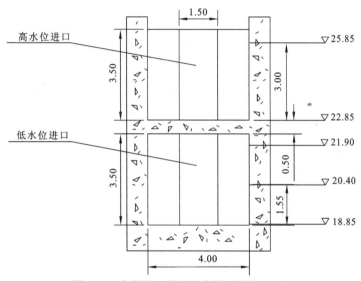

图 5.11　鱼道进口设计示意图（单位：m）

3. 鱼道进口形态

鱼道进口池和进入鱼道的过渡段设计，在鱼道设计中是至关重要的。实质上，鱼道中出现的多数问题都发生在进口池或集鱼槽。鱼类在形成持续向上溯洄游状态之前需要游过数个进口池，因此，鱼类倒退的现象大多发生在鱼道进口或前 2 个水池处。

鱼道进口池的形状、辅助水流扩散装置的位置及鱼梯进口的设置，应形成一个具有稳定水流形态和输鱼流速的水力环境，以便引导鱼类从鱼道进口游向鱼梯。如果存在漩涡、水流分散或死水等潜在影响因素，则应尽量削减进口池和输鱼槽的多余空间。转角应考虑设计为圆形或类似形状。同时，还应减小滞鱼区的面积（图 5.12）。

本鱼道进口形状是一个矩形开口，高水位和低水位进口高度均为 3.5 m，宽度为 1.5 m。进口底部可铺设一些原河床的卵砾石，以模拟自然河床的底质和色泽。

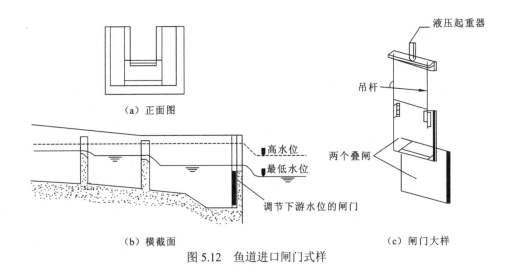

（a）正面图

高水位
最低水位
调节下游水位的闸门

（b）横截面

液压起重器
吊杆
两个叠闸

（c）闸门大样

图 5.12　鱼道进口闸门式样

4. 鱼道进口集鱼系统

在水电站枢纽下游厂房尾水渠中，常聚集大量从下游循着厂房尾水上溯的鱼类。由于厂房尾水是经常性水流，其流量也远比过鱼设施下泄流量要大，所以，鱼类受到这尾水的诱集，久久徘徊在厂房尾水管附近，有的甚至游进尾水管，而不易找到鱼道进口。

如今，越来越多的研究及对过鱼设施监测数据表明，过鱼设施进口能否诱集鱼是过鱼设施成功与否的最关键因素。1938 年美国兴修的哥伦比亚河上的邦纳维尔大坝过鱼设施时，首先建成了厂房集鱼系统，把进入集鱼系统的鱼导向鱼道上溯。该坝的集鱼系统的集诱鱼效果卓有成效，为以后的工程提供了范例。我国的洋塘鱼道之所以成功，很大程度上有赖于其厂房集鱼系统发挥作用。图 5.13，图 5.14，图 5.15 为鱼道进口集鱼系统原理及截面图，图 5.16 为洋塘鱼道进口集鱼口布置图。

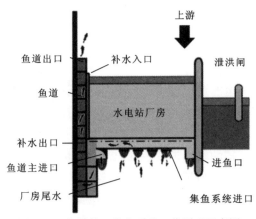

上游
鱼道出口　　补水入口　　　　泄洪闸
鱼道
水电站厂房
补水出口
鱼道主进口　　　　　　　　进鱼口
厂房尾水
集鱼系统进口

图 5.13　鱼道进口集鱼系统工作原理示意图

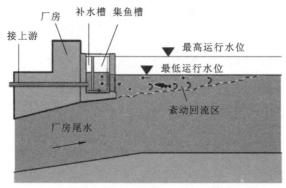

图 5.14　鱼道进口集鱼系统工作原理示意图（剖面）

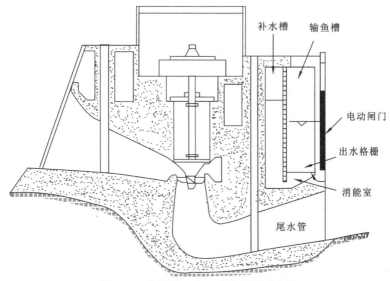

图 5.15　鱼道进口集鱼系统截面示意图

图 5.16　洋塘鱼道进口集鱼口布置

厂房集鱼系统由分布于厂房尾水平台上的辅助进口、输鱼槽、补水槽、消能室、出水格栅和电动闸门等设施组成。

集鱼系统呈长廊道式横跨厂房尾水前沿，其进口即为输鱼槽下游侧壁上的一系列孔口，孔口宽 1 m，高 2 m。各孔口均匀分布在各机组段，高程不同，以满足不同下游水位变化时的进鱼要求。各进口均设电动控制闸门，随下游水位变化调节启闭，控制槽中出水的流量和流速，控制适宜的水深。

输鱼槽把进入各辅助进口的鱼汇集起来，在槽内水流的引导下，将鱼引导至位于集鱼系统左侧的汇合池中，进而进入鱼道上溯。集鱼槽中的流速应控制在 0.5～0.6 m/s，这样的流速既能够给鱼类以方向引导的作用，又不至于在槽内形成过大的水面比降，从而保证槽侧各进鱼口具有大致相等的槽内外水位差和孔口流速。

消能室位于输鱼槽底部，消能室将来自补水槽的水流消能扩散后，以较低的流速缓缓溢入输鱼槽内，防止输鱼槽内水面波动和干扰鱼类前进。从消能室流入输鱼槽中的流速，不宜被鱼类发觉，否则鱼类可能停留在出水格栅处。初步设计消能室流速<0.1 m/s，出水格栅流速为 0.05 m/s 左右。

5. 辅助补水系统

辅助补水系统是为鱼道下端补充用水提供水源、控制及补给。此外，还用于以下几个方面。

（1）在鱼道进口增加流量以提高诱鱼能力。

（2）在鱼道进口形成喷射水流，以水声诱鱼。

（3）维持输鱼槽内的预期流量及流速。

（4）调节鱼道内流量，控制鱼道内流速分布。

洄游鱼类对局部的水流、水花、溅水声较敏感，有一定的趋向性，在鱼道的进口和出口设置辅助供水系统，该供水系统喷出的水柱溅落时，在鱼道的进口和出口处形成水流、水花、溅水声，有利于吸引鱼类，提高过鱼效果。

鱼道下泄水量远不能满足集鱼系统的用水需要，尤其当下游水位较高时，则需要强化各进口水流。补水可以经补水渠引自坝上，但需要消力池设施。也可以用水泵抽自下游河道，具体采用何种方式由工程设计部门视实际情况而定。

5.3.8 鱼道出口

1. 鱼道出口位置

鱼道出口的位置有以下要求。

（1）能适应上游水位的变动。在过鱼季节，当坝上水位变化时，能保证通道出口有足够的水深，且与水库水面很好地衔接。

（2）出口应傍岸，出口外水流应平顺，流向明确，没有漩涡，以便鱼类能够沿着水流和岸线顺利上溯。

（3）出口应远离水质有污染及对鱼类有干扰和恐吓的区域。

（4）也应考虑上游鱼类下行的要求，出口迎着上游水流方向，便于鱼类进入仿自然通道。

（5）鱼道出口应布置在距水电站上有一定距离的地方，距离太近，上溯成功的鱼类容易被发电泄水卷入水轮机，随水流带入坝下；距离太远的话鱼类感受不到水流，容易迷失方向。湘江长沙综合枢纽工程鱼道出口设置在岸边距水电站约 250 m 处。

2. 鱼道出口高程

出口需适应上游水位的变化，保证在任何水位变化情况下，出口底部均不能露出，而且要有一定的水深，鱼道出口底板要与河床平缓衔接，高程为 26.7 m。

鱼道出口用闸门控制，连接至上游河道。闸门的启闭均采用螺杆升降方式，并可实现自动与手动两种控制，自动控制时采用电力驱动，通过水位控制开关、控制器、电动机来实现。

在不同水位下调节闸门，控制下泄流量，以使在任何水位情况下，进入鱼道最上一级泄水的流量均能保持大致不变，使鱼道能连续运转。

3. 鱼道出口拦污栅

为防止杂物进入鱼道，堵塞鱼道，鱼道的上游出口处设拦污栅（图 5.17）。

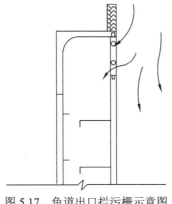

图 5.17　鱼道出口拦污栅示意图

5.3.9　观察室

1. 观察室位置

鱼道设有 2 个观察室，1 号观察室设在鱼道进口位置，用以观察鱼道主进口及集鱼槽的集鱼效果。2号观察窗设在鱼道的中段，用以统计成功上溯的鱼类种类和数量，评估鱼道的过鱼效果，以便将来改进鱼道的结构改善过鱼效果，同时兼具宣传和演示功能。

2. 观察室设备

观察室为两层楼房，地上一层，地下一层，地下为鱼道观察室，主要用来放置摄像机、电子计数器等设备。底层不设亮窗，用绿色或蓝色防水灯来照明。在鱼道侧壁上设有两个玻璃观察窗，用来观察鱼类洄游情况，电子计数器用来记录洄游鱼类的种类及数量，摄像机可将鱼类通过鱼道的实况录制下来，供有关人员及游客观看，可为今后对鱼类洄游规律、生活习性的研究及鱼道的建造提供依据。

上层为参观陈列室，游客可通过投影电视现场观看到鱼道中鱼类洄游情况。四周墙壁上可陈列主要洄游鱼类的情况介绍。

观察室应设有观察窗，观察窗材质为钢化玻璃或其他透明材料，但需贴上一种半透明膜，使观察者能够看到鱼道中的鱼类，而鱼类看不到观察窗外的人，以免鱼类受到惊吓和干扰。

观察室尽量减少人工照明，不宜用大窗采光，光源颜色尽量选择为绿色和蓝色，且光强不能太强。通道内用可调节的水下照明工具。

通道内设有水下摄像机，用以计数，同时观察鱼在通道中的姿态，判断鱼类对通道的适应能力和疲劳程度。

5.3.10　辅助装置

1. 底部加糙

鱼道底部铺以鹅卵石或砾石块，以减缓底部流速，石块粒径为 10～20 cm。这样，鱼道底部流速减缓之后，一些游泳能力较差的鱼类也可以沿着鱼道底部上溯，同时也是它们休息的场所。

2. 拦鱼装置

为了将坝下的鱼类汇集到鱼道进口，同时避免坝下的鱼类游至左岸船闸附近和右汊泄水闸闸下而造成无法上溯，湘江长沙综合枢纽工程在船闸一侧及左汊下游交汇口处设置拦鱼栅。具体形式为拦鱼电栅或电赶拦鱼机。

3. 防护栏

鱼道两侧墙的顶部设防护栏，可防止鱼类跳出鱼道，也可避免杂物从鱼道两侧落入鱼道，同时对人员起到安全防护作用。防护栏高 1 m。

5.3.11　整体布置

1. 平面布置

整个鱼道主要由集鱼系统、鱼道进口、鱼道主体、鱼道出口及附属设施组成。根据下游水位高低分为 2 条鱼道，在不同水位下使用，2 条鱼道在鱼道中段汇合在一起。

2. 主要参数

鱼道各组成部分主要设计参数如表 5.10 所示。

表 5.10　鱼道主要特性指标一览表

分类	项目	指标	备注
池室结构	隔板样式	竖缝式	—
	池室长度/m	4.80	有效尺度
	池室宽度/m	4.00	有效尺度
	池室深度/m	3.50	有效尺度
	运行水深/m	3.00	—
	竖缝宽度/m	0.60	有效尺度
	池间落差/m	0.051	—
	休息池长度/m	9.60	有效尺度
高水位进口段	进口高程/m	22.85	—
	汇合池高程/m	23.26	—
	池室数量/个	8	—
	休息池数量/个	1	即汇合池
	总长度/m	50.00	近似值
低水位进口段	进口高程/m	18.85	鱼道底部与河床相接
	汇合池高程/m	23.26	—
	池室数量/个	86	不含休息池
	休息池数量/个	11	含汇合池
	总长度/m	530.00	近似值
出口段	出口高程/m	26.70	底部与河床相接
	池室数量/个	68	不含休息池

分类	项目	指标	备注
出口段	休息池数量/个	7	—
	总长度/m	400.00	近似值
鱼道整体	高水位鱼道总长度/m	450.00	—
	低水位鱼道总长度/m	930.00	—
	工程总池室数量/个	162	不含休息池
	休息池总数量/个	18	汇合池只计一次
运行特征	主要过鱼季节	枯水期及中水期	—
	设计最大流速/（m/s）	0.8～1.0	—
	上游最高运行水位/m	29.70	正常蓄水位
	上游最低运行水位/m	28.40	—
	下游最高运行水位/m	25.85	—
	下游最低运行水位/m	20.40	考虑河床冲刷
	最大设计运行水头/m	9.30	—

注：以上参数均为理论算值，正式设计时应经过物模试验结果进行修正后方可使用

5.3.12　鱼道的运行和维护

1. 鱼道的运行

由于上下游水位的变化，需要对鱼道的进水量和运行水位进行控制，以使鱼道内的流速和流态保持稳定并满足鱼类上溯的要求。在各种水位情况下，通过上游各出口闸门的启闭，控制鱼道出口的进水量和进水水位；通过下游鱼道进口闸门的启闭程度来控制鱼道进口位置的水位，避免局部出现较大的水位跌落，造成出现超过鱼类游泳能力的极限流速或者出现局部水位的壅高。

2. 鱼道的管理和维护

鱼道投入运行后，必须加强维修与保养。很多鱼道因为管理不善或后期维护不够而最终导致废弃停用。鱼道的管理和维护应重视以下几个方面。

（1）严禁在鱼道内捕鱼，倾倒废弃物及污水；

（2）严禁在鱼道进出口停泊船只，倾倒废弃物及污水；

（3）要经常检查鱼道各闸阀机器启闭机，保证可以随时启闭；

（4）经常清除鱼道内的漂浮物，防止堵塞隔板竖缝；

（5）定期清除鱼道内的泥沙淤积或软体动物的贝壳，保证底部畅通；

（6）随时擦洗鱼道观察室的观察窗，保持一定的透明度；

（7）所有观测仪器和设备要注意防潮，以备随时使用；

（8）鱼道各部如有损坏，应及时维修。每年应进行一次全面检修，制定出鱼道运行、管理和维护规程。

5.3.13　鱼道的监测评价及改进

鱼道设计是个复杂的过程，很难做到一次设计完全满足所有鱼类长期的过坝要求，若想发挥鱼道的最佳效果，必须对鱼道投入运行后的实际效果进行跟踪监测，并根据监测结果对鱼道局部环节进行适当的修改和完善。

1. 鱼道运行后的监测

鱼道运行后的监测内容主要包括：鱼道在各种运行条件下池室内的水力学条件；鱼道日过鱼数量及年过鱼数量；鱼道过鱼的主要种类及个体大小；鱼道过鱼数量和季节的关系；集鱼系统工作效率和坝下鱼类行为学监测。

2. 鱼道运行效果的评价

主要包括：鱼道池室结构设计的合理性；鱼道主进口设置的合理性；集鱼系统进鱼效果；鱼道出口设置的合理性。

3. 鱼道局部设计的改进

根据过鱼效果及水力学监测的结果对池室内结构进行调整和改进；根据坝下鱼类行为学监测结果及诱鱼能力的分析，对鱼道进口的设计、集鱼系统及辅助补水系统的局部设计进行修改和完善；根据鱼道的运行情况对鱼道的运行、管理和维护规程进行完善。

5.3.14　建议开展的工作

1. 开展模型实验，优化方案设计

鱼道设计是个非常复杂的项目，鱼道内流态复杂，鱼类习性复杂，实地水文情势也很复杂，所以现阶段的鱼道设计只是提供了大体思路和初步参数，很难做到完全合理和精确。因此，要对局部的水力学特征进一步了解，需要开展物理模型试验，模拟出沿程流速分布等重要设计指标。通过试验中的数据和结果来评价初设参数的合理性，然后对初设方案的结构、进出口设计等参数进行修改和优化。

2. 测试目标鱼类的游泳能力

本设计方案中采用的鱼类游泳能力值是采用研究人员总结的经验公式算出的或者其他人员通过试验得到的，虽然具有一定的合理性，但仍不能完全保证数据的准确性。因此，要获得更精确的鱼类游泳能力，以便精确设计鱼道流速，建议进行目标鱼类的游泳能力测试试验。

3. 对工程运行后的坝上、坝下流场进行分析和计算

鱼道进口和出口的设置对流场和地形有很高的要求，进口附近流速大了，会超过鱼类的极限游泳能力，鱼类不可能到达进口；流速小了，对鱼类又没有吸引作用，无法将坝下的鱼汇集到进口。

因此，有必要对工程运行后坝上、坝下流场进行分析和计算，这样才能正确有效地布置鱼道的进口和出口，确保鱼道的有效运行。

第 6 章 流域鱼类洄游通道恢复决策支持系统构建实践：以湘江流域为例

6.1 引　言

随着计算机技术的发展和算力的增强，计算机辅助工程决策的场景已越来越常见。流域整体过鱼设施在设计过程中涉及学科多、数据量大，传统决策方式效率低且容易出错。在面对涉及多学科及海量数据的问题时，建立以属性、空间数据库、专家知识库和决策模型为基础的决策支持系统是常见的做法。湘江流域鱼类洄游通道恢复决策支持系统是国内首次在本领域尝试构建的决策支持系统。

6.2　决策支持系统的引入

6.2.1　流域整体连通性恢复需求

进入 21 世纪以后，我国水利水电开发程度进一步加深，如何最大化减小其对生态的影响，是保证人与自然和谐发展的前提。纵观发达国家水电开发的历史，鱼类（或特定鱼类）生活史的完整性通常被作为河流生态平衡得以保持的重要指标，而大坝对于河流的阻隔直接阻碍了河流的连通性，影响了部分洄游鱼类生活史的完成，如中华鲟、四大家鱼等，这使得利用工程或非工程手段帮助鱼类过坝，完成生活史成为减缓水电开发对河流生态造成的影响的必要手段。

中华人民共和国成立后，我国在各类水利工程中已建过鱼设施超过 50 座，但由于过鱼目标不清晰、前期实验数据准备不足及建造工艺等问题，大部分因效果不理想而遭废弃。近年来随着生态环境保护理念的推广，人们越来越重视河流阻隔给洄游鱼类带来的影响，大部分水利水电工程在建设前就开展了详细的研究，同时引进国外先进的实验测试手段对鱼类行为进行研究，我国在该领域已迈出了一大步，基本做到了对单一大坝过鱼目标的定位和有针对性地设计过鱼设施。

相对于已取得的成绩，不足也是很明显的。为了充分利用水电这一绿色能源，我国在进行水电开发时通常采用梯级开发，这就给鱼类洄游通道恢复工作者带来了难题，在过鱼目标设定的时候既要考虑整理流域鱼类的保护，也要考虑部分特殊河段的特有鱼类的保护，既要保证单个过鱼设施的工作效率与效力，也要考虑多个过鱼设施的综合工作效率与效力。目前国内过鱼设施建设过程包括施工前的调查分析研究，工程施工中和施工后的运行维护及效能评价，属于针对具体水坝和河段建设过鱼设施的范畴，对于单一的大坝建设是适用的，但如从流域水电开发角度看，则缺少整体性和连续性。建立一个技术上和管理上的综合分析平台是解决这些问题的一个不错的方法，如同综合分配各梯级的发电量和库容一样，研究人员和管理人员一起利用该平台的模型及专家系统来综合确定各梯级的过鱼对象和商讨怎样对各梯级进行调控才能在绿色能源和生态环境间找到平衡。

6.2.2 多学科数据综合处理需求

流域整体连通性恢复涉及专业多、数据量大，需要对工程运行、水文、环境、生态、鱼类行为等数据进行综合分析，传统的仅靠设计人员去处理海量的、跨专业的数据难度大、效率低，必须借助计算机在处理空间数据上的算力优势来辅助设计过程，包括建立综合数据平台和充分利用分析模型，使工作人员只用点击鼠标就能掌控全局。

美国地质勘探局（United States Geological Survey，USGS）下属西部鱼类研究中心（Western Fisheries Research Center，WFRC）和中西部环境科学中心（Upper Midwest Environmental Sciences Center，UMESC）联合开发了一套决策支持系统以辅助对鲑存活率的评估及水生、陆生资源的管理。该系统核心组成包括数据库、模型库、人机界面和专家系统，数据库中包括地形数据、水文数据和生物资源数据，模型库中包括二维水力学模型、生境预测模型，运用该系统可以快速预测不同水位情况下资源受到的影响范围和程度。

美国鱼类及野生动植物管理局（United States Fish and Wildlife Service，USWFS）于1999年启动"国家鱼道计划"（National Fish Passage Program，NFPP），目的是对移除或改造现有的河流障碍物提供财政和技术上的支持，系统面向社会公众，通过简单输入障碍物名称就能查询并导出障碍物上下游流域、水体数据，计算上下游河道长度和障碍移除后连通河流长度，最重要是能查询哪些鱼类会从障碍物移除中受益。主要数据包括：来源于美国国家大坝数据库（National Inventory of Dams）的障碍物数据（编号、位置、类型、功能、所属流域、水体）、流域地理数据[河道（三级支流），流域边界（流域带编号）]、鱼类资源数据[所属流域、物种、所属种群、概况（是否濒危，是否采取保护措施，保护效果）及近年变化趋势]和其他基础数据（遥感影像底图，已矢量化的主要公路、铁路、机场和城镇分布）。该系统运行后，迅速成为最受公众喜爱的系统之一，使广大公众都能直接参与到环境恢复的工程中。

6.2.3 决策支持系统构建目的

决策支持系统理念提出已久，在各行各业中应用较多，国外已有应用决策支持系统辅助鱼类洄游通道恢复工作，但重点在于对数据的管理和查询，而在湘江的实践则是在数据管理和查询的基础上添加了部分计算机自动决策过程，针对湘江干流水利工程建设导致河流连通性破坏等问题，通过对鱼类生态类型与分布以及生态行为的研究，通过信息、知识和技术的集成，开发模型实验数据处理、模型算法操作、结果分析与比较等功能，建立基于 WebGIS 和可视化技术的湘江干流鱼类洄游通道恢复决策支持平台，为鱼类洄游通道恢复规划、实施，以及后评估全过程提供技术支持和管理决策支持。为湘江流域的鱼类资源保护，特别是恢复湘江四大家鱼自然繁殖的洄游通道，维护湘江流域河流生态系统整体结构、功能和动态过程的完整性，为我国的过鱼设施研究和建设提供实践的范例。

6.3　决策支持系统的构建

6.3.1　系统概述

研究工作按照软件工程规范对系统进行了需求分析并提出了设计方案，以面向对象分析方法对系统开展了功能建模，并针对该设计方案进行了科学论证。通过对应用软件规模的量度分析，提出了系统软件对象模型，并在此基础上设计了系统软件体系架构和硬件拓扑结构。系统的联动操作将涉及到相同空间实体与其相关的属性数据、不同空间实体的相关属性数据、不同空间实体的空间数据、空间数据不同时态版本、空间数据不同尺度版本等之间的联动。为建立具有可重用性、可维护性、可扩展性的模块化设计模式，进行了基础数据的抽象设计、面向多用户多方案的库表设计以及支持图、库、表联动的控件类设计。

系统采用了基于持续集成方法和面向服务体系的分布式松耦合系统架构，即各相互关联的异构功能模块通过万维网服务描述语言（web service description language，WSDL）发现文档发布统一标准的消息接口，经主服务器的服务注册，以服务组合（service composition）形式定义而异步伺服的松耦合系统，各模块与模块之间、服务与服务之间、客户端与服务器之间将请求和数据结果以可扩展标记语言（extensible markup language，XML）的形式进行简单对象访问协议（simple object access protocol，SOAP）包装，并通过超文本传输协议（hyper text transfer protocol，HTTP）的形式进行万维网推送，从而实现跨平台、跨语言、跨地域的互操作交互。通过使用持续集成方法，科研人员可以经由主服务器的统一管理消息接口新增或管理模型算法模块，更新的模块将自动发布为标准万维网服务，并通过主服务器完成服务注册，以服务组合的形式集成进系统，由此，在未直接增加明显系统负担的基础上，系统得到了近乎无限的扩展能力。

湘江干流鱼类洄游通道恢复决策支持系统包括四大子系统：主服务层、模型算法库（洄游规律评估模块，优先水域判断模块，过鱼方案设计等子模块）、多层次数据库（GIS 和各属性数据库）、WebGIS 可视化交互式主系统（辅助决策支持模块，GIS 空间信息查询分析模块，三维可视化模块），系统框架功能结构如图 6.1 所示。

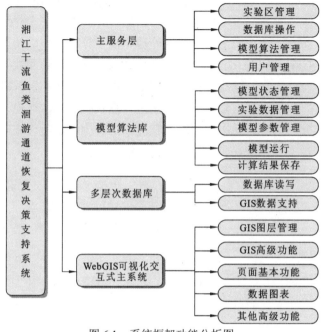

图 6.1　系统框架功能分析图

6.3.2　系统硬件拓扑结构

为有效解决数据共享、数据发布、数据集成，设计了分布式存储的海量空间数据组织和管理模式。通过可扩展性和可用性的共享数据库技术，实现了以空间数据服务器、算法模型数据服务器为基础，以多媒体数据服务器和属性数据服务器为动态扩展的异构多维广义耦合服务器集群。通过集群服务器之间的高速连接专线，实现服务器集群中的海量数据无延迟交换和实时传输。

硬件拓扑结构如图 6.2 所示，通过以 GIS 服务器和算法模型服务群为核心的万维网服务（Web Service）群，实现了空间数据和算法结果数据的动态交互，提高了各数据库系统的数据内聚性，增强了异构系统之间的数据耦合性，保障了系统数据安全性，充分实现了数据独立性。此外，使用状态监控服务器实时监测数据库集群和 Web Service 群的系统负载、吞吐量、网络连接数等参数，并通过压力均衡服务器动态调节 GIS 服务（GIS Service）和算法服务（Service）之间的数据流量和数据传输速度，实现双重服务之间的互补，达到最优服务性能。针对涉密数据的安全性、保密性和系统服务的稳定性等需求，设计了基于专用集成电路（application specific integrated circuit，ASIC）架构的复合型防火墙，实现了网络边缘实时病毒防护、内容过滤和阻止非法请求等应用层服务措施。

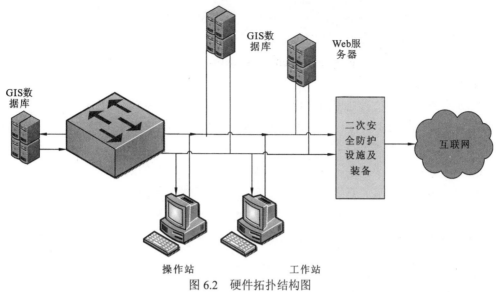

图 6.2　硬件拓扑结构图

6.3.3　系统软件体系构架

WebGIS 子系统采用富互联网应用（rich internet application，RIA）Service 系统架构模式，可有效地将客户浏览器端、Web 服务器端、数据库服务器端和 GIS 服务器端整合在一起，WebGIS 系统总体结构如图 6.3 所示。

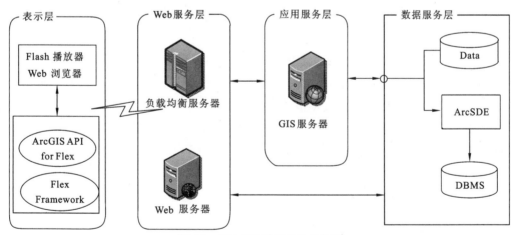

图 6.3　WebGIS 系统总体结构图

表示层直接面向客户，提供空间数据表示和信息可视化功能，运行于客户端浏览器和 Flash 插件之上，主要完成以下工作：为用户进行 GIS 应用提供友好的人机界面和交互手段，接收和处理用户操作，向服务器发送服务请求，接收和处理返回的结果数据集，并将数据或服务进行可视化表现。表现层采用 HTTP、XML、描述性状态迁移

（representational state transfer，REST）、SOAP 等与 Web 服务层建立连接，聚合使用 Web 服务层发布的服务，构成多层结构体系。

数据库管理系统（database management system，DBMS）；应用程序接口（application program interface，API）。

Web 服务器主要负责处理用户通过 Web 浏览器和 Web Service 发送的请求，根据用户请求经负载均衡服务分配，从 GIS 服务器中获取相应的地图服务对象，或利用 Web Service 直接与后台数据库进行交互，获取数据和信息。

GIS 服务器主要承担两方面作用：一是动态地图渲染和地图切片，利用地图切片技术，尽可能地减少了服务器的计算负载与通信，使系统快速响应用户对地图的请求；另一个作用是提供用户访问地图的 REST 接口，通过这些接口服务，再配合使用 ArcGIS API for Flex，就可以将 ArcGIS Server 和 Flex 结合起来在 Flex 环境下开发应用系统。

6.3.4　系统表示层

WebGIS 子系统表示层采用 Flex 技术实现，基于 ArcGIS API for Flex 开发。ArcGIS API for Flex 是基于 Flex API 的一个开发库，使用它可以快速建立基于 Web 的地图应用程序，并且为开发者尽量减少编码时间。根据 WebGIS 所需的功能，事件是用户和地图进行交互的基础，图层加载、图层添加删除、地图放大缩小、地图平移等都被 ArcGIS Flex API Events 进行了封装，加上原有的鼠标事件就可以满足 WebGIS 应用要求了。同时，ArcGIS API for Flex 集成了 REST API，简化了在 Web 上对 GIS 资源的访问，允许开发人员在 ArcGIS Server 之上快速创建出功能丰富、操作便利并具备极强视觉冲击力的 WebGIS 应用。

Flex 应用程序由 MXML、ActionScript 文件和 Flex 类库三部分构成。开发人员可以利用 MXML 和 ActionScript 编写程序，一般用 MXML 编写图形界面，用 Actionscript 编写程序逻辑，ActionScript 与 JavaScrip 类似，功能十分强大，对于需要动态生成的界面，也可以用 ActionScript 编写，对于 MXML 文件中使用的大多数控件，都能在 ActionScript 中以对象的形式构建和调用。同时 Flex 框架还提供了丰富的控件，大大提高了开发效率。在实际开发中，可以引用第三方开源组件库来实现一些特殊功能或显示特效，本系统在开发过程中就引用了非常优秀易用的 Flex 开源组件库 Flexlib。

6.3.5　系统服务层

在 RIA/Service 架构中，服务层用于为表示层提供服务，包括 Web 服务、GIS 应用服务及数据库服务，这些服务在 Flex 中都被视为由服务层提供的无差别的服务。

在一般 WebGIS 系统中，地点和建筑等地理信息需要在服务器端的地图图层中预先配置好，客户端访问的时候，通过加载地图图层的方式将地点等信息读入。这样做的好处是可以通过地图服务获取丰富的图层信息，能够对基于地图的点、线、面等特征进行全面的搜索和查询，缺点是 GIS 系统使用特殊的空间数据库，使得其他系统对这些数据的访问不便，并且添加建筑物、站点信息等互操作比较复杂。考虑本系统在实际应用中，主要查询方式为点查询，没有直接针对图层中线和面的查询，经常涉及到地图上建筑物、站点等信息的变更，同时考虑到站点信息的数据共享，本系统将站点信息保存到数据库，这样在满足系统需求的前提下，可以最大程度达到功能复用、数据共享的目的。下面是各服务层采用的具体设计方案。

1）Web 服务层

WebGIS 子系统服务器端以 Web 服务器和 GIS 服务器协同服务的方式实现，用 GIS 服务器提供地图服务，用 Web 服务器提供数据服务，根据数据处理和地图操作的不同，客户端和服务器端分别以不同的协作方式进行处理，这样做有如下好处。

（1）方便权限控制。通过对数据库中相应权限表的修改，可以实现对用户在 WebGIS 系统中访问和编辑等权限进行控制。

（2）能够动态添加站点信息。管理员通过站点管理页面即可对站点进行增删改等操作，不需要到服务器端进行地图服务的修改。

（3）有效解决服务器负载问题，提高系统响应速度，增加用户体验。地图服务和相关地图信息分离具有跨平台、跨语言、松散耦合、便于集成等优势。同时，将地图信息储存在通用数据库，使得系统其他部分和其他系统对地图信息数据的访问更为简单方便。

2）GIS 应用服务层

选用 ArcGIS Server 作为 GIS 服务器端，ArcGIS Server 是一个发布企业级 GIS 应用程序的综合平台，为创建和管理基于服务器的 GIS 应用提供了一个高效的框架平台。它充分利用了 ArcGIS 的核心组件库 ArcObjects，并且基于工业标准提供 WebGIS 服务。ArcGIS Server 为开发 WebGIS 应用提供了不同开发平台使用的 Web API，包括 ArcGIS API for JavaScript、ArcGIS API for Flex、Java Web ADF 等，可以满足各种开发环境下的应用需求。

GIS 服务器端采用 REST 方式发布 GIS 地图服务和分析查询服务。REST 是一种针对网络应用的设计和开发方式，可以降低开发的复杂性，提高系统的可伸缩性。它基于 HTTP 协议，比起 SOAP 和 XML-RPC 来说它更加地简洁、高效，越来越多的大型网站正在使用 REST 风格来设计和实现。

3）数据库服务层

利用 ArcSDE 对地图和空间数据进行存储和管理，负责为 GIS 应用提供 GIS 数据分析管理及数据的读写、检索和存储等功能。

ArcSDE，即数据通路，是 ArcGIS 的空间数据引擎，它是在关系数据库管理系统（relational database management system，RDBMS）中存储和管理多用户空间数据库的通路。从空间数据管理的角度看，ArcSDE 是一个连续的空间数据模型，借助这一空间数据模型，可以实现用 RDBMS 管理空间数据库。在 RDBMS 中融入空间数据后，ArcSDE 可以提供空间和非空间数据进行高效率操作的数据库服务。ArcSDE 是为了解决 DBMS 的多样性和复杂性而存在的。ArcSDE 的体系结构给用户提供了巨大的灵活性。它允许用户能够自由地选择 DBMS 来存储空间数据。

6.4　决策支持系统集成及应用

6.4.1　数据收集与整理

决策支持系统所需数据种类包括：

（1）湘江干流及主要支流的河道数字高程模型（digital elevation model，DEM）数据；

（2）障碍物类型（水电站类型：径流式/引水式/混合式）、规模（水库容量、不同季节的水头）、位置（坐标）、工程特性（日调节/月调节/年调节/多年调节型水库、不同季节水位、蓄水时间等）；

（3）地理气候状况；

（4）水环境指标（不同季节的水位、流速、流量、水温、溶解氧、透明度、总氮、总磷、营养盐、叶绿素 a、泥沙含量、工业污染造成的无机阴离子和金属离子含量等）；

（5）社会经济指标（湘江流域各县生产总值、耕地、林地、造地面积等）；

（6）鱼类生态行为学指标（建站前的繁殖场、肥育场、产卵场、洄游通道，产卵孵化期/非繁殖季节的水温、水位、流速、溶解氧等生态环境指标）；鱼类区系组成，目标鱼种类，数量；

（7）过鱼设施（位置、类型、运行成本、不同月份过鱼量）。

其中基础地形及水系的 DEM 数据已经过处理得到湘江流域地图，障碍物和过鱼设施及鱼类生态行为学指标等相关数据已整理成 excel 表导入数据库。

6.4.2　系统功能模块

系统功能模块主要分为 5 部分，分别为欢迎页、工程影响、重要鱼类、过鱼设施决策和知识库。

1. 欢迎页

欢迎页模块包括湘江流域三维漫游平台及平台说明等内容。

流域内水利工程的建设对库区及下游洞庭湖的鱼类资源将会造成一定损失。因此，根据《中华人民共和国渔业法》等法律、法规的规定，建设方应对受损失的渔业资源采取必要的补救措施。

2. 工程影响

工程影响界面包含了 4 个方面，分别为工程概况、工程特性、水文水质及工程相关的鱼类信息，9 级梯级大坝在地图上面以圆点显示出来。工程概况页面，在地图上选择需要查询的大坝以后会在右边以弹出框的形式展现出相关大坝的图片及详细信息，包括了其地理位置，水电站结构、具体用途及大坝的一些特征数据等，同时在地图上以蓝色高亮显示出其流域分布范围。

本模块用于展示基础信息，提供示范区自然地理、社会经济、水利工程、水情数据、水质数据、水生生物数据、渔业数据、其他数据监测站点等信息的查询，开发研究包含常用 GIS 具有的数据编辑、管理、查询、显示分析功能，并分别以地图模式和图表模式展示（图 6.4）。

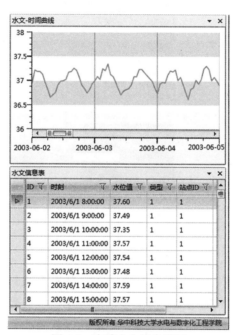

图 6.4　流域水文信息界面

工程影响模块可以帮助用户实现以下功能：多图层显示地图；地图的漫游和缩放；点击查看地图要素；查询和搜索要素；通过字段标注文本；显示航片或卫星影像；编辑显示图形要素；绘制描述性文本；通过线选择要素，或者通过面等选择在其内的要素；通过指定的距离选择要素；通过 SQL 表达式选择和查找要素；通过专题图方法渲染要素，比如按值渲染、分类渲染以及点密度渲染等；动态显示实时数据和时间序列的数据；空间运算生成缓冲区，计算差异，或者查找相交部分、联合或反选相交部分等；操纵地图的形状或角度；编辑地理要素和属性数据。

3. 重要鱼类

进入重要鱼类界面后展现的是一个包含所有湘江鱼类的树状列表，从中可以按照鱼类的科目分类找到你所需的鱼类，查询其相关行为学数据及游泳能力等信息。在弹出的信息框中包含了洄游类型、产卵类型、繁殖季节、最小性成熟年龄、繁殖力、食性类型、经济价值、资源评估及此种鱼类的图片等信息。鼠标悬停在图片上可以显示该鱼类的具体形态特征，分布流域等详细信息，同时鱼类在湘江流域的分布会在地图上以红色高亮显示，详见图6.5。

图6.5　流域工程影响鱼类信息界面

4. 过鱼设施决策

对于过鱼设施修建必要性的决策，主要基于法律政策和工程对鱼类行为的影响（详见图 6.6），过鱼对象优先级判别主要考虑坝址附近是否有重要生境、鱼类种群大小等因素（详见图 6.7）。过鱼设施使上下游的洄游通道得以恢复，不仅增加了鱼类过坝完成洄游及生活史的可能性，而且对于整个河流生态系统也有积极的生态意义。

过鱼设施的修建有利于恢复河流的连通性：大坝阻隔了原本连通的河流，造成了生境的破碎化。水生生物的生存空间被局限在每个破碎的单元中，过鱼设施使受到阻隔的上下游得以沟通，扩大了水生生物的生存空间，一定程度上也恢复了河流生境的复杂性和多样性。过鱼设施的修建有利于保持生态过程的可持续性：繁殖、觅食及越冬都是鱼类生活史中重要的生态过程，鱼类洄游通道的恢复使得各重要过程能够持续进行，对于鱼类顺利完成生活史有重要意义。过鱼设施的修建有利于上下游遗传信息的交流：过鱼设施的修建不仅使上下游的水体得以沟通，通过过鱼设施过坝的生物也丰富了水体中基因库，起到了沟通遗传信息，避免水体中生物种质资源退化的作用。

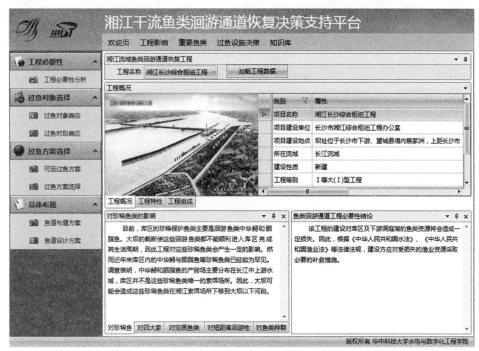

图 6.6　工程必要性界面

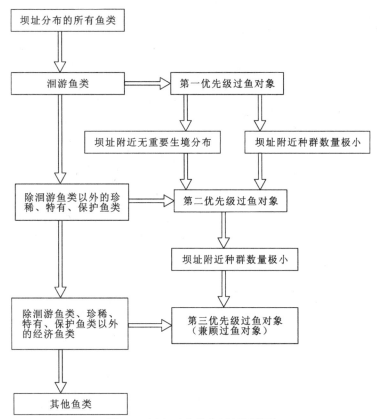

图 6.7　过鱼对象优先级判别模型

湘江长沙综合枢纽工程重点考虑江湖洄游及具有短距离迁移特征的鱼类的过坝问题，同时兼顾咸淡水洄游及坝址分布的所有鱼类，过鱼对象赋值标准见表6.1。

表 6.1　过鱼对象赋值标准

考虑因素	权重系数	指标	赋分	
			1	0
完整生活史价值	3	迁移类型	洄游或迁移	定居
		坝上产卵场	有	无
		完成生活史	需要过坝	不需要过坝
生物多样性价值	2	涉危、易危鱼类	是	否
		珍稀、特有鱼类	是	否
经济价值	1	经济鱼类	是	否

根据工程的阻隔类型以及过鱼目标的不同（详见图 6.8），过鱼设施可分为上行过鱼设施和下行过鱼设施两大类。

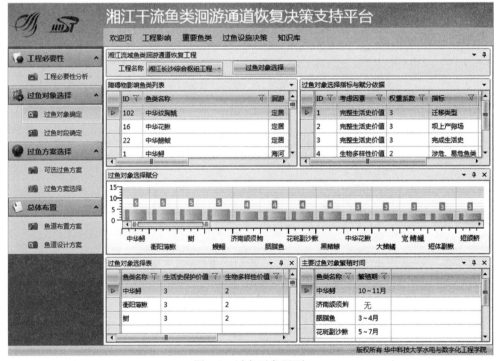

图 6.8　过鱼对象界面

由于鱼类受到的阻隔影响主要是上行阻隔，因此在决策支持系统中主要对上行过鱼设施进行介绍，详见图 6.9。

图 6.9　可选过鱼方案界面

通过对过鱼效果和建设条件的分析，各种过鱼方案各有优缺点，均具有可行性，为科学地选择现有条件下最为适合湘江长沙综合枢纽工程的过鱼设施，以下对各方案采用列表赋分的方法综合考虑各方案的诱鱼能力、过鱼能力、鱼类适应程度、工程量和运行维护等因素，比选得出适合湘江长沙综合枢纽工程采用的过鱼设施类型，见表 6.2。

表 6.2　过鱼设施赋分标准

考虑因素	权重	指标	赋分依据		
			3	2	1
诱鱼能力	5	入口位置	多处，易于发现	靠近电站尾水或下泄水	不易发现
		吸引水流	水流量大	水流量中	水流量小
		水位变化适应性	强	中	弱
过鱼能力	3	过鱼种类	各种大小、多种鱼类	多数目标鱼类	少数目标鱼类
		过鱼数量	较大	较小	很小
		过鱼时间	连续	不连续，周期短	不连续，周期长
		上行下行解决	兼顾	部分兼顾	不能兼顾

续表

考虑因素	权重	指标	赋分依据		
			3	2	1
鱼类适应能力	2	自然程度	相似	仿自然	人工
		流速控制	消能效果好	消能效果中	消能效果差
		流态控制	流态、方向单一	流态、方向较复杂	流态紊乱、方向复杂
		上下游水质差异程度	一致	连续变化	变化突然，差异大
工程量	2	场地占用	小	中	大
		建造难度	低	中	高
运行维护	1	运行费用	低	中	人力物力财力消耗大
		结构稳定性	结构稳定	较稳定	不稳定
		后期改造	易改造	较易改造	难改造
		设备维护	不易出现故障，易维护	需要周期性维护	易出现故障，维护经费高

比选结果按照各指标赋分依据所得的分值 × 指标的权重系数所得分数的总和来比较，如下图 6.10 所示。

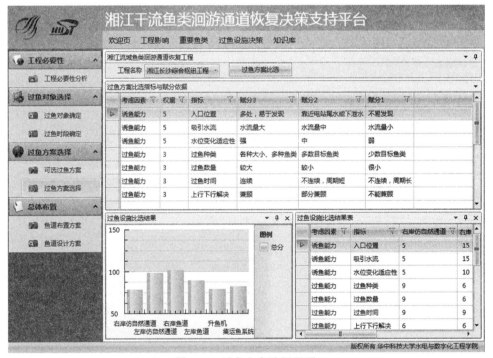

图 6.10　过鱼方案选择界面

5. 知识库

包括相关法律法规（《中华人民共和国水法》《中华人民共和国渔业法》）、鱼道类型（图片、文字、视频）、案例[国外案例 *From Sea to Source Guidance on River Continuity and Fish Migration*（《从海洋到河源》]、国内案例）、过鱼设施建设流程等（图 6.11）。

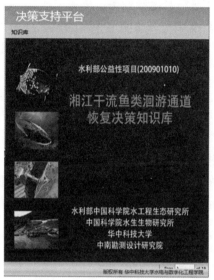

图 6.11　决策知识库首页界面

6.5　湘江鱼类洄游通道恢复决策支持系统创新点

研究工作提出了基于 RIA 的 WebGIS 松耦合系统架构。系统的关键技术与主要创新点如下。

1. 跨平台与松耦合结构

基于不同开发环境由不同程序语言编写的各种算法模型和系统功能模块通过发布统一的基于 WSDL 的发现文档来完成在系统主服务上的服务注册，各部分间经系统主服务中转通过基于简单对象访问协议 SOAP 的 XML 数据流来实现跨平台跨模块之间的互操作。

各算法模型和系统功能模块仅通过 WSDL 发现文档来对外公开消息接口，任何计算实体间只通过这有限的几个消息接口进行互操作，而具体实现方法完全黑箱化，这样就将各计算实体间的耦合度降到了最低，节省了大量的移植或接口补丁工作。

2. 分布式计算与异步通信

分布式计算服务由三部分组成：请求层、业务层及均衡层。通过分布式计算服务发布的消息接口，各算法模型和系统功能模块可经主服务中转发送分布式计算请求，分布式计算服务将创建唯一标示的 XML 状态标记记录模型计算信息并实时反馈，再由均衡层通过主服务上服务组合的注册信息指导业务层来完成计算过程。

各算法模型和系统功能模块可经主服务中转通过调用均衡层的消息接口对正在进行的计算过程进行异步的操作，包括中止、暂停、返回中间结果、修改参数、重新开始等。

3. 持续集成与可拓展性

研究工作开发的系统是一个持续更新的动态系统，科研人员可以通过调用统一的数据库操作服务完成模型前数据处理、模型参数设置，模型结果输出等功能的格式化工作，即可将各种平台各种程序语言开发的算法模型发布为 Web Service，再通过上传 WSDL 发现文档以完成在主服务上的注册，结果的可视化展示则可以通过主服务中转在 GIS 功能服务与界面管理服务上完成注册。

4. 远程管理本地可视化界面

研究工作所开发的系统支持各种不同类型的客户端，只要能通过 Web 访问主服务所发布的表示层消息接口而推送操作命令的都能看为本系统的客户端。

本系统所开发的客户端是基于 Windows 表示基础（windows presentation foundation，WPF）的动态客户端，提供了统一的编程模型、语言和框架，分离了系统界面的设计工作和功能模块开发，允许通过界面管理服务新建或管理窗体。

5. 海量数据存储与传输

通过水动力学数据和地理空间数据的结构比较、关联、转换，实现了海量洪水淹没数据生成 ArcGIS 支持的地理空间数据结构。针对地形数据、地表数据、水文数据、水动力学数据等数据量大的特点，采用了数据金字塔结构和数据分层压缩技术，在保证数据精度的情况下，实现了数据的 1:20 无损压缩，极大减少了数据空间占用量。针对系统中存在地形数据、水文数据、水动力学数据等多种类型数据和数据量大的特点，为了保证系统在数据存取和数据传输的流畅，采用了分布式数据库存储结构，将系统数据库分为地形数据库（地理空间数据库）、水文数据库、水动力学数据库、关系数据库，每个数据库分别独立地架设在独立的物理服务器上，在逻辑上，各个数据库又是相互关联的。数据库的物理独立性可以保证数据处理效率和数据传输效率，数据逻辑关联性保证了系统设计和跨数据库索引中不需要进行额外的数据关联，在逻辑上保证了数据连贯性和整体性。

6. 数据多线程加载及保密传输技术

针对海量数据传输等特点，采用了数据多线程加载技术，分别开启了地形数据传输线程、水文数据传输线程、水动力学数据传输线程、关系数据库传输线程等四个线程。针对三维场景的数据需求，采用了数据预加载和数据预处理技术，根据趋势面技术和空间关联性，对数据进行预传输，提高三维场景流畅度。采用空间数据的时间关联性，实现了三维场景动态洪水演进的水动力学数据预处理。针对数据保密性，数据库和客户端连接采用了点对点的数据传输机制，使得数据只能在已建立连接的线程中进行传输，未经验证的非法请求则无法获得数据。

参 考 文 献

蔡露, 金瑶, 潘磊, 等, 2018. 过鱼设施设计中的鱼类行为研究与问题[J]. 生态学杂志, 37(11): 9.

蔡露, 张鹏, 侯轶群, 等, 2020. 我国过鱼设施建设需求、成果及存在的问题[J]. 生态学杂志, 39(1): 292-299.

陈锡涛, 唐家汉, 1982. 湘江污染对鱼类资源影响的调查研究[J]. 湖南水产科技(4): 57-63.

董哲仁, 2005. 河流健康评估的原则和方法[J]. 中国水利(10): 17-19.

董哲仁, 孙东亚, 赵进勇, 等, 2010. 河流生态系统结构功能整体性概念模型[J]. 水科学进展, 21(4): 550-559.

金球林, 何兴春, 1994. 长江三峡水利枢纽 湘江水电梯级工程对洞庭湖渔业资源的影响与对策[J]. 内陆水产(6): 2-3.

林鹏程, 李淑贞, 秦祥朝, 等, 2019. 黄河伊洛河中下游鱼类多样性及群落结构[J]. 湖泊科学, 31(2): 482-492.

刘安民, 1996. 草鲢鳙湘江原种与家孵鱼种的生长对比试验[J]. 内陆水产(3): 2-4.

刘建康, 曹文宣, 1992. 长江流域的鱼类资源及其保护对策[J]. 长江流域资源与环境(1): 17-23.

穆祥鹏, 白音包力皋, 吴一红, 等, 2016. 诱导草鱼的鱼道进口系统和设计方法及诱鱼流速率定装置: 201610392125.2[P]. 2016-06-06.

祁昌军, 曹晓红, 温静雅, 等, 2017. 我国鱼道建设的实践与问题研究[J]. 环境保护, 45(6): 47-51.

叶富良, 2002. 军曹鱼人工繁殖技术[J]. 科学养鱼(12): 12-13.

余志堂, 1982. 汉江中下游鱼类资源调查以及丹江口水利枢纽对汉江鱼类资源影响的评价[J]. 水库渔业(1): 19-22, 26-27.

郑丙辉, 张远, 李英博, 2007. 辽河流域河流栖息地评价指标与评价方法研究[J]. 环境科学学报(6): 928-936.

《中国河湖大典》编纂委员会, 2010. 中国河湖大典长江卷(上, 下卷)[M]. 北京: 中国水利水电出版社.

朱存良, 张玉, 2007. 红鳍鲌的生物学特性及人工繁殖和苗种培育技术[J]. 北京水产(5): 25-26.

BANNEHEKA S G, ROUTLEDGE R D, GUTHRIE I C, et al., 1995. Estimation of in-river fish passage using a combination of transect and stationary hydroacoustic sampling[J]. Canadian journal of fisheries & aquatic sciences, 52(52): 335-343.

BARBOUR M T, 1997. The re-invention of biological assessment in the US[J]. Human and ecological risk assessment, 3(6): 933-940.

BAUM J S, BAUM G R, THOMPSON P R, et al., 1994. Stable isotopic evidence for relative and eustatic sea-level changes in Eocene to Oligocene carbonates, Baldwin County, Alabama[J]. Geological Society of America bullentin, 106(6): 824-839.

BAUMGARTNER L J, BETTANIN M, MCPHERSON J, et al., 2012. Influence of turbidity and passage rate on the efficiency of an infrared counter to enumerate and measure riverine fish[J]. Journal of applied ichthyology, 28(4): 531-536.

BEININGEN K T, EBEL W J, 1970. Effect of John Day Dam on dissolved nitrogen concentrations and salmon in the Columbia River, 1968[J]. Transactions of the American fisheries society, 99(4): 664-671.

BERGEY E A, WARD J V, 1989. Upstream-downstream movements of aquatic invertebrates in a rocky-mountain stream[J]. Hydrobiologia, 185(1): 71-82.

BIGGS B, Stevenson R J, Lowe R L, 1998. A habitat matrix conceptual model for stream periphyton[J]. Archiv fur hydrobiologie, 143(1): 21-56.

CADA G F, 1998. Fish passage mitigation at hydroelectric power projects in the United States[M]. Oxford: Fishing News Books.

CARIM K J , WILCOX T M , ANDERSON M , et al., 2016. An environmental DNA marker for detecting nonnative brown trout (Salmo trutta)[J]. Conservation genetics resources, 8(3): 1-3.

CASTRO-SANTOS T, COTEL A, WEBB P W, 2009. Fishway evaluations for better bioengineering: An integrative approach[J]. American fisheries society symposium, 69: 557-575.

CHEN K, TAO J, CHANG Z, CAO X H, et al., 2014. Difficulties and prospects of fishways in China: An overview of the construction status and operation practice since 2000[J]. Ecological engineering, 70(3): 82-91.

COOKE S J, HINCH S G, 2013. Improving the reliability of fishway attraction and passage efficiency estimates to inform fishway engineering, science, and practice[J]. Ecological engineering, 58(13): 123-132.

DAVIES R O, 1995. Shore control for hydrographic surveys using non-geodetic GPS receivers[J]. Hydrographic journal, 75: 29-31.

DAY R, 1995. Reactivation of an ancient landslide[J]. Journal of performance of constructed facilities, 9: 49-56.

DINGLE H, 1996. Migration: The Biology of Life on the Move[M]. Oxford: Oxford University Press.

DOWNS P W, KONDOLF G M , 2002. Post-project appraisals in adaptive management of river channel restoration[J]. Environmental management, 29: 477-496.

Federal Interagency Stream Restoration Working Group, 1998. Stream corridor restoration: Principles, processes, and practices[M]. Saint Paul: Federal Interagency Stream Restoration Working Group.

Food and Agriculture Organization, 2002. Fish passes: Design, dimensions and monitoring[M]. Rome: Food and Agriculture Organization in Arrangement with DVWK.

FORE L S, KARR J R, WISSEMAN R W, 1996. Assessing invertebrate responses to human activities: Evaluating alternative approaches[J]. Journal of the North American Benthological Society, 15(2): 212-231.

GANASSIN M J M, MUÑOZ-MAS R, DE OLIVEIRA F J M, et al., 2021. Effects of reservoir cascades on diversity, distribution, and abundance of fish assemblages in three Neotropical basins[J]. Science of the total environment, 778: 146246.

GARCIA DE LEANIZ C, 2008. Weir removal in salmonid streams: Implications, challenges and practicalities[J]. Hydrobiologia, 609(11): 83-96.

GENET J, CHIRHART, 2004. Development of a macroinvertebrate index of biological integrity (MIBI) for rivers and streams of the upper Mississippi River Basin[R]. St Paul: Minnesota Pollution Control Agency.

GISEN D C, WEICHERT R B, NESTLER J M, 2017. Optimizing attraction flow for upstream fish passage at a hydropowerdam employing 3D Detached-Eddy Simulation[J]. Ecological engineering, 100: 344-353.

GOSZ J R, 1980. The influence of reduced streamflows on water quality[J]. Energy development in the Southwest resources for the future, 2: 3-48.

GROTEANN B, BAILEYMICHAEL M, ZYDLEWSKIJOSEPH D, 2014. Multibeam sonar (DIDSON) assessment of American shad (Alosa sapidissima) approaching a hydroelectric dam[J]. Canadian journal of fisheries & aquatic sciences, 71(4): 545-558.

HUDMAN S P, GIDO K B, 2013. Multi-scale effects of impoundments on genetic structure of creek chub (Semotilus atromaculatus) in the Kansas River basin[J]. Freshwater biology, 58(2): 441-453.

International Commission for the Protection of the Danube River, 2012. Measures for ensuring fish migration at transversal structures[M]. Vienna: International Commission for the Protection of the Danube River.

JAGER H I, CHANDLER J A, LEPLA K B, et al., 2001. A theoretical study of river fragmentation by dams and its effects on white sturgeon populations[J]. Environmental biology of fishes, 60(4): 347-361.

JUNK W J, 1989. The use of Amazonian floodplains under an ecological perspective[J]. Interciencia, 14(6): 317-322.

KARR J R, 1981. Assessment of biotic integrity using fish communities[J]. Fisheries, 6(6): 21-27.

KARR J R, FAUSCH K D, ANGERMEIER P L, et al., 1986. Assessing biological integrity in running waters: A method and its rationale[R]. Champaign: Illinois Natural History Survey.

KATOPODIS C, WILLIAMS J G, 2012. The development of fish passage research in historical context[J]. Ecological engineering, 48: 8-18.

KEMP P S, 2016. Meta-analyses, Metrics and motivation: Mixed messages in the fish passage debate[J]. River research & applications, 32: 2116-2124.

KEMP P S, O'HANLEY J R, 2010. Procedures for evaluating and prioritising the removal of fish passage barriers: A synthesis[J]. Fisheries management and ecology, 17: 297-322.

KNIPOVICH A, NANSEN F, HJORT J, et al., 1970. Preliminary report of joint Soviet-Norweian 0-group fish survey in the Barents Sea and adjacent waters in August and September 1970[R]. Copenhagen: International Council for the Exploration of the Sea.

KROES J, GOUGH P, SCHOLLEMA P P, et al., 2006. From Sea to Source: Practical Guidance for Restoration of Fish Migration in European Rivers[M]. London: Philip's, Octopus Publishing Group Ltd.

LANDSMAN S J, WILSON A D M, COOKE S J, et al., 2017. Fishway passage success for migratory rainbow smelt Osmerus mordax is not dictated by behavioural type[J]. River research and applications, 33(8): 1257-1267.

LARINIER M, 2008. Fish passage experience at small-scale hydro-electric power plants in France[J].

Hydrobiologia, 609(1): 97-108.

LARINIER M, TRAVADE F, 1999. Downstream migration: Problems and facilities[J]. Bulletin Français de la Pêche et de la Pisciculture, 364: 181-207.

LARINIER M, TRAVADE F, PORCHER J P, 2002. Fishways: Biological basis, design criteria and monitoring[J]. Bulletin Francais dc la Pêche et de la Pisciulture, 364: 9-20.

LECLERC E, MAILHOT Y, MINGELBIER M, et al., 2008. The landscape genetics of yellow perch (perca flavescens) in a large fluvial ecosystem[J]. Molecular ecology, 17(7): 1702-1717.

LIAO J C, 2007. A review of fish swimming mechanics and behaviour in altered flows[J]. Philosophical transactions of the Royal Society. 362: 1973-1993.

LINDMARK E, GUSTAVSSON L H, 2008. Field study of an attraction channel as entrance of fishways[J]. River research and applications, 24: 564-570.

LUCAS M C, BARAS E, 2000. Methods for studying spatial behaviour of freshwater fishes in the natural environment[J]. Fish & fisheries(4): 283-316.

MATTER A L, SANDFORD B P, 2003. A comparison of migration rates of radio- and PIT-tagged adult Snake River Chinook salmon through the Columbia River hydropower system[J]. North American journal of fisheries management, 23(3): 967-973.

MCDOWALL R M, POLE M, 1997. A large galaxiid fossil (Teleostei) from the Miocene of central Otago, New Zealand[J]. Journal of the Royal Society of New Zealand, 27(2): 193-198.

MCKEOWN B A, 1984. Fish migration. [M]. London: Croom Helm.

MEYERS T R, LIGHTNER D V, REDMAN R M, 1994. A dinoflagellate-like parasite in Alaskan spot shrimp pandalus-platyceros and pink shrimp p-borealis[J]. Diseases of aquatic organisms, 18(1): 71-76.

MORISSETTE O, LECOMTE F, VERREAULT G, et al., 2016. Fully equipped to succeed: Migratory contingents seen as an intrinsic potential for striped bass to exploit a heterogeneous environment early in life[J]. Estuaries and coasts, 39(2): 571-582.

MORITA K, MORITA S H, FUKUWAKA M, et al., 2009. Offshore Dolly Varden charr (Salvelinus malma) in the North Pacific[J]. Environmental biology of fishes, 86(4): 451-456.

MOSER M L, MATTER A L, STUEHRENBERG L C, et al., 2002. Use of an extensive radio receiver network to document Pacific lamprey (Lampetra tridentata) entrance efficiency at fishways in the lower Columbia River, USA[J]. Hydrobiologia, 483(1/3): 45-53.

MUHAR S, JUNGWIRTH M, 1998. Habitat integrity of running waters-assessment criteria and their biological relevance[J]. Hydrobiologia, 386: 195-202.

NERASS L P, SPRUELL P, 2001. Fragmentation of riverine systems: The genetic effects of dams on bull trout (Salvelinus confluentus) in the Clark Fork River system[J]. Molecular ecology, 10(5): 1153-1164.

NORTHCOTE T G, ARCIFA M S, FROEHLICH O, 1985. Effects of impondment and drawdown on the fish community of a South American river[J]. Internationale Vereinigung für theoretische und angewandte Limnologie: Verhandlungen, 22(4): 2704-2711.

ODEH M, ORVIS C, 1998. Downstream Fish Passage Design Considerations and Developments at Hydroelectric Projects in the North-east USA[M]. Oxford: Fishing News Books.

OVIDIO M, SONNY D, DIERCKX A, et al., 2017. The use of behavioural metrics to evaluate fishway efficiency[J]. River research and applications, 33(9): 1484-1493.

PAN Y D, STEVENSON R J, HILL B H, et al., 1996. Using diatoms as indicators of ecological conditions in lotic systems: A regional assessment[J]. Journal of the North American Benthological Society, 15(4): 481-495.

PAVLOV D S, 1989. Structures assisting the migrations of non-salmonid fish: USSR[M]. Rome: Food & Agriculture Org.

ROSCOE D W , HINCH S G, 2010. Effectiveness monitoring of fish passage facilities: Historical trends, geographic patterns and future directions[J]. Fish and fisheries, 11: 12-33.

ROYTE J, BRINK K, SCHOLLEMA P P, et al., 2018. From sea to source 2.0: Protection and restoration of fish migration in rivers worldwide[M]. Groningen: World Fish Migration Foundation.

SCRUTON D A, BOOTH R K, PENNELL C J, et al., 2007. Conventional and EMG telemetry studies of upstream migration and tailrace attraction of adult Atlantic salmon at a hydroelectric installation on the Exploits River, Newfoundland, Canada[J]. Hydrobiologia, 582(1): 67-79.

STOLTE S, 1994. Short-wave measurements by a fixed tower-based and a drifting buoy system[J]. Ieee journal of oceanic engineering, 19(1): 10-22.

TAO J P, WANG X, TAN X C, et al., 2015. Diel pattern of fish presence at the Changzhou fishway (Pearl River, China) during the flood season. Journal of applied ichthyology, 31: 451-458.

THIEM J D, BINDER, T R, DUMONT P, et al., 2013. Multispecies fish passage behaviour in a vertical slot fishway on the Richelieu River, Quebec, Canada[J]. River research and applications, 29(5): 582-592.

THORNCRAFT G, HARRIS J H, 2000. Fish passage and fishways in New South Wales: A status report[R]. Sydney: Office of Conservation NSW Fisheries.

TRIPP S, BROOKS R, HERZOG D, et al., 2015. Patterns of fish passage in the upper Mississippi River[J]. River research & applications, 30(8): 1056-1064.

TSUBOI J, KAJI K, BABA S, et al., 2019. Trade-offs in the adaptation towards hatchery and natural conditions drive survival, migration, and angling vulnerability in a territorial fish in the wild[J]. Canadian journal of fisheries and aquatic sciences, 76(10): 1757-1767.

VANNOTE R L, MINSHALL G W, CUMMINS K W, et al., 1980. The river continuum concept[J]. Canadian journal of fisheries and aquatic sciences, 37: 130-137.

WARD J V, STANFORD J A, 1995. The serial discontinuity concept-extending the model to floodplain rivers[J]. Regulated rivers-research & management, 10(2/4): 159-168.

WILLIAMS J G, ARMSTRONG G, KATOPODIS C, 2012. Thinking like a fish: A key ingredient for development of effective fish passage facilities at river obstructions[J]. River research and applications, 28: 407-417.

YANG P, BASTVIKEN D, LAI D Y F, et al., 2017. Effects of coastal marsh conversion to shrimp aquaculture ponds on CH_4 and N_2O emissions[J]. Estuarine coastal and shelf science, 199: 125-131.

ZARFL C, LUMSDON A E, BERLEKAMP J, et al., 2015. A global boom in hydropower dam construction[J]. Aquaticsciences, 77(1): 161-170.

ZHANG M, SHI X, YANG Z, et al., 2018. Long-term dynamics and drivers of phytoplankton biomass in eutrophic Lake Taihu[J]. Science of the total environment, 645: 876-886.

ZHONG Y G, POWER G, 1996. Environmental impacts of hydroelectric projects on fish resources in China[J]. Regulated rivers-research & management, 12(1): 81-98.